数字孪生智慧应

无人机遥感技术与应用实践

雷添杰　刘战友　赵英虎　张松梅　程结海　徐瑞瑞　著

中国水利水电出版社
www.waterpub.com.cn
·北京·

内 容 提 要

本书以无人机影像为研究对象，从拼接效率与精度两个方面对无人机影像拼接方法进行改进。本书的主要研究内容包括：

无人机影像拼接特征点的快速提取。针对 SURF 算法在特征点提取方面效率不高的问题，从构造尺度空间、特征点检测、特征主方向计算、特征向量计算等过程进行并行优化加速。

无人机影像拼接特征点的新特征构建。针对传统 SURF 算法特征描述向量包含地物信息较少的问题，采用深度学习提取特征点的深层次特征，并与采用 SURF 算法提取的浅层次特征相融合，构建特征点的新特征，进行后续特征点的匹配。实验结果表明，相比于传统方法，应用构建的特征点新特征进行特征点匹配，匹配精度提高了 7%，最终配准的点位偏离程度为 0.4 个像素，达到亚像素级别匹配。

针对无人机拼接影像的地表覆盖类型解译。使用本书方法对无人机影像进行大范围场景拼接实验，采用基于地理对象的影像分析方法进行地表覆盖类型的解译。实验结果表明，应用无人机拼接影像可以较好地提取下垫面地表覆盖类型，满足应用要求。

图书在版编目（CIP）数据

无人机遥感技术与应用实践 / 雷添杰等著. -- 北京：
中国水利水电出版社，2023.12
ISBN 978-7-5226-1631-5

Ⅰ. ①无… Ⅱ. ①雷… Ⅲ. ①无人驾驶飞机－航空遥
感 Ⅳ. ①TP72

中国国家版本馆CIP数据核字(2023)第128950号

书　　名	数字孪生智慧应用丛书 **无人机遥感技术与应用实践** WURENJI YAOGAN JISHU YU YINGYONG SHIJIAN
作　　者	雷添杰　刘战友　赵英虎　张松梅　程结海　徐瑞瑞　著
出版发行	中国水利水电出版社 （北京市海淀区玉渊潭南路 1 号 D 座　100038） 网址：www.waterpub.com.cn E-mail：sales@mwr.gov.cn 电话：（010）68545888（营销中心）
经　　售	北京科水图书销售有限公司 电话：（010）68545874、63202643 全国各地新华书店和相关出版物销售网点
排　　版	中国水利水电出版社微机排版中心
印　　刷	清淞永业（天津）印刷有限公司
规　　格	140mm×203mm　32 开本　5.625 印张　153 千字
版　　次	2023 年 12 月第 1 版　2023 年 12 月第 1 次印刷
定　　价	**48.00** 元

数字孪生智慧应用丛书编委会

《无人机遥感技术与应用实践》

编 委 会

前　言

无人机遥感技术以其高灵活性、低成本、高分辨率的优势，逐渐崭露头角，引发了社会各界广泛的研究和应用兴趣。无人机遥感影像在自然灾害监测评估、自然生态系统监测、国土资源调查、农业生产活动监测、城市建设动态监管等领域被广泛应用。然而，这些无人机影像通常具有有限的幅度，单张影像难以满足多样化的应用需求。因此，本书聚焦在如何实施无人机影像拼接，以期获取覆盖整个研究区的连续影像，以满足在各种领域的监测和研究需求，具有重要的理论意义与应用价值。无人机遥感影像已经成为自然灾害监测评估、自然生态系统监测、国土资源调查、农业生产活动监测、城市建设动态监管等领域不可或缺的工具。

本书以无人机影像为研究对象，从拼接效率与精度两个方面对无人机影像拼接方法进行改进。研究内容主要体现在以下三个方面：

（1）研究提出了一种快速提取无人机影像拼接特征点的方法。针对传统的 SURF（Speeded－Up Robust Features）算法在特征点提取方面效率不高的问题，进行了一系列的并行优化，从构造尺度空间、特征点检测、特征主方向计算到特征向量计算等方面进行了加速。实验结果表明，这一并行优化的 SURF 算法比传统 SURF 算法计算速度提高了 16 倍，大大提高了特征点提取的效率。通过优化算法，成功地提高了特征点提取的速度，为后续的拼接工作奠定了基础。

（2）研究引入了新的特征构建方法，以改善无人机影像拼接特征点的描述质量。传统的 SURF 算法特征描述向量包含地物信息较少，因此采用深度学习技术提取了特征点的深层次特征，并将其与SURF算法提取的浅层次特征相融合，构建了新的特征点描述向量，用于后续的特征点匹配。实验结果表明，应用这种新特征进行特征点匹配，可以提高匹配精度达到7%，最终的点位偏离程度仅为0.4个像素，达到了亚像素级别的匹配精度。

(3) 无人机拼接影像的地表覆盖类型解译。研究进行了大范围场景拼接实验，并采用基于地理对象的影像分析方法对地表覆盖类型进行解译。实验结果表明，应用我们改进的无人机拼接影像可以较好地提取下垫面地表覆盖类型，如植被、水体、建筑物等，满足了各种应用需求。

本书还介绍了各种实际案例和应用场景，涵盖了自然灾害监测、环境保护、城市规划、农业管理等多个领域。这些应用领域展示了无人机影像拼接技术的广泛适用性，无论是在科学研究、商业领域还是公共服务领域，都有潜力提供有价值的信息和洞察力。通过这些案例，读者将了解无人机影像拼接技术在不同领域的重要性，并学习如何将其应用到实际问题的解决中。本书内容共7章。

第1章是绪论，主要介绍无人机遥感技术的发展现状、数据处理方法、应用流域和未来研究方向。

第2章介绍无人机遥感数据处理方法，具体介绍无人机遥感影像拼接处理和分类数据预处理，以及全卷积神经网络模型和FCN网络模型。

第3章介绍无人机遥感影像快速拼接方法，具体介绍实验数据、特征点的提取与匹配、异常匹配点对剔除、影像变换模型计算、拼接效果、影像融合等。

第4章介绍无人机影像快速拼接方法实践，主要介绍无人机遥感影像拼接技术路线和拼接方法。

第5章介绍基于FCN的无人机遥感影像水体提取方法，主要介绍深度学习框架平台的搭建、VGGNet网络模型的导入、FCN网络的搭建、水体数据的训练和实验结果分析 。

第6章介绍基于深度学习的无人机遥感影像分类，主要介绍影像分割、分类和精度评价。

第7章介绍无人机遥感应用实践，包括无人机遥感在低温雨雪冰冻灾害监测、汶川地震灾害应急监测与评估、农业病虫害监测、农业灾损调查与保险损失核查、洪涝灾害监测评估中的应用。

本书得到国家重点研发计划课题（2023YFC3209202）、国家重点研发计划项目（2023YFD2300300）的资助。

限于作者水平，书中疏漏和不当之处在所难免，恳请专家及同行批评指正，也热诚欢迎广大读者提出宝贵意见。

作者

2023年12月

目　录

第1章　绪　论

1.1　研究背景

无人机遥感技术凭借灵活机动、影像分辨率高、传输及时、不受云层遮挡等特点成为人们采集遥感信息的高效方式。克服传统卫星遥感监测方法的缺陷，无人机遥感技术提高了作业效率，广泛应用于自然灾害监测评估、自然生态系统监测应用、国土资源应用、农业生产活动监测应用、城市建设动态监管应用、海岸带监测应用、交通巡逻应用、遗产保护和三维建模等领域，应用前景较为广阔。例如地震灾害、冰冻灾害、洪涝灾害发生时，无人机遥感系统可以迅速进入危险地带，执行航拍任务，对灾情勘测、救援工作的展开提供极大的帮助。

然而无人机遥感技术若要发展更为迅速，仍需克服自身的缺陷。无人机影像数据具有数据量较多、分辨率较高、幅宽较小、畸变明显等显著特征，需要对大量拍摄数据进行拼接处理，获取完整的研究区域影像。无人机影像拼接方法众多，其中基于特征的影像拼接算法因鲁棒性强，对影像畸变、噪声、遮挡等均有一定的稳定性，使用范围最为广泛。然而基于特征的无人机影像拼接算法均存在计算精度较低、运行效率较慢、使用影像信息较少的问题，仍需研究者进一步改进。如何高效、高精度地实现大量影像快速拼接处理，成为目前研究亟须解决的重要课题。因此，本书以传统 SURF（Speeded-Up Robust Features）特征点提取算法为基准算法，结合 GPU 和深度学习，提出了一种无人机影像拼接高效、准确、自动化的稳健方法。

我国是一个水资源丰富的大国，有着数以万计的河流与湖泊。

同时，受地形、地质、大气环流等因素的影响，我国也是一个洪涝灾害频发的国家。为了尽可能地减少洪涝灾害所带来的损失，防洪抗洪需引入现代化的高新技术进行实时监控以保证时刻对洪灾区进行监测。随着信息技术的不断成熟，利用现代化技术实时对洪灾区进行分析，已经成为防洪抗洪中的最重要一部分。遥感影像分类是遥感这个学科很基础也是很重要的一个问题，是遥感进行各类应用的基础。在抗洪救灾的过程中，离不开通过遥感手段对灾害区域进行实时分析，通过分析相关区域的遥感数据，可以对洪涝灾情进行实时评估，并对未来灾情的发展趋势做出精准预测。

在传统的遥感手段水体提取中数据来源是卫星影像，但卫星影像的精度相对较低，且时效性相对较差。在洪涝灾害中，需要每时每刻在灾情分析中获取精确的水体信息。随着计算机技术的飞速发展，相机拍摄的清晰度越来越高，芯片也越来越小，无人机技术变得越来越成熟。相比于卫星遥感，无人机遥感的清晰度更高，可以实时快速获得相关水体数据。又因其小巧灵活，不受云层遮挡，可以捕捉很多卫星影像拍不到的细节区域。可以看出，在当今人们生活中，如果想高时效性、高精度地对水体信息进行实时获取，使用无人机高分辨率影像必不可少。

无人机航拍影像具有高清晰、大比例尺、小面积、高现势性的优点，为洪涝灾害监测应用提供了丰富的数据源，同时也给影像的灾情信息解译工作带来了挑战。人工目视解译方法虽然能够取得较高的解译精度，但是其费时费力，需要消耗极大的人力成本，且难以满足实时性的应用需求。因此，发展基于无人机遥感影像的高效的自动化或半自动化水体信息提取方法具有十分重要的应用价值。而对于计算机处理无人机影像，目前大多数地物提取是使用基于面向对象分类的方法或使用支持向量机等机器学习的方法，但过程相对复杂，得到的结果精度不高且不具有普适性。随着深度学习技术的飞速发展，图像识别开始变得越来越智能化，它的优势在于可以从图像浅层中自动提取其深层内部特征，并通过自动化的方法进行分析归类，结果更加精确。因此，研究采用深度学习的方法对高分辨率无人机遥感影像进行水体提取，对探索深度学习模型在遥感影像中的分类有重要意义，可用于洪涝灾害中水体区域的实时监测。

1.2　无人机遥感技术发展现状

1.2.1　无人机遥感系统

当前，遥感技术在各个领域都有着广泛应用，已成为人们获取地表信息的必备手段。传统卫星遥感获取手段存在成本高昂、灵活度低、易被云遮挡等限制，无法满足突发事件紧急救援的实际需求。无人机遥感技术作为一种新型遥感数据测量手段的出现，提供了一种新的解决方案，推动遥感技术向前发展。

无人机遥感（Unmanned Aerial Vehicle Remote Sensing，UAVRS）即利用无人驾驶飞行器技术、遥感传感器技术、遥测遥控技术、通信技术、POS定位定姿技术、GPS差分定位技术和遥感数字图像处理技术，实现自动化、智能化、专业化高效提取自然环境、地震灾区、土地利用等空间遥感信息，能够完成影像数据的实时处理、建模和分析的新兴遥感技术，无人机遥感技术概念图如图1-1所示。无人机遥感技术具备图像清晰、灵活机动、续航时间长、影像实时传输、高危地区探测、云下低空飞行、近全天候工作等优点，可在城市、森林、山区、荒漠、海洋等复杂地形中作业，从早期应用于军事领域扩展到当前基础数据采集、地图绘制、环境保护、土地确权等众多领域，应用前景广阔。

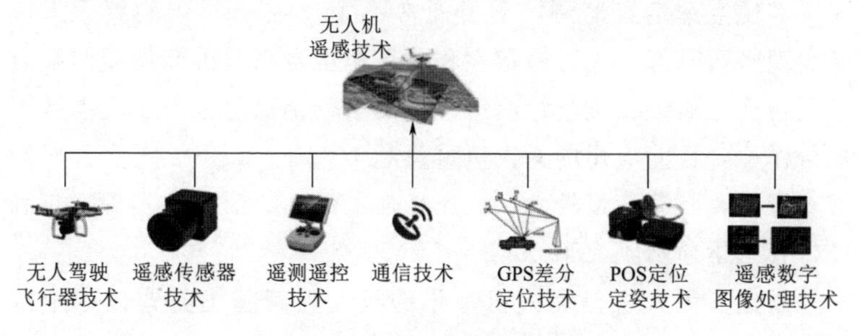

图1-1　无人机遥感技术概念图

无人机遥感系统主要包含飞行平台、传感器、控制系统和数据处理软件等结构，凭借低空飞行而获得高分辨率遥感影像的系统，其框架如图1-2所示。

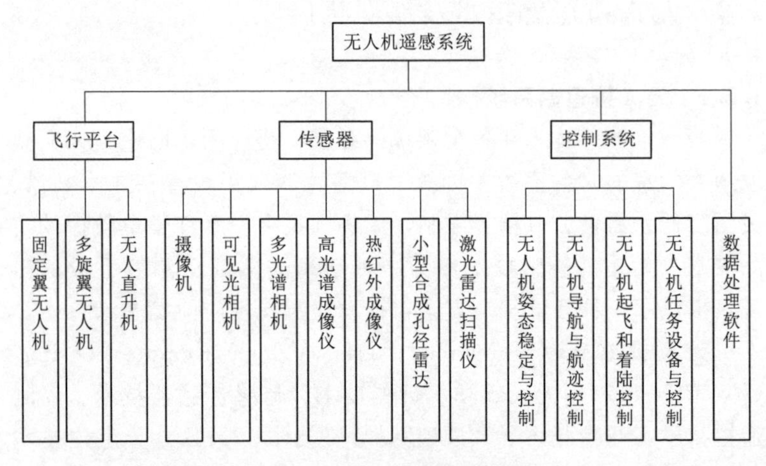

图1-2　无人机遥感系统组成

1.2.2　飞行平台

无人机平台主要分为固定翼无人机、多旋翼无人机、无人直升机，在各种领域均有使用。固定翼无人机的作业里程较远，时速较高，可自主设置作业路线，适用于大面积测绘的实际应用，起降模式可分为垂直起降、跑道滑行、手抛/弹射伞降模式，缺点是需要沿着飞行航线作业，使得执行任务不够机动灵活，同时无法实现空中定点监测，质量通常不大于40kg。多旋翼无人机能实现竖直升降，飞行稳定性和可靠性均略高，拆卸便捷，缺点是飞行速度略慢、飞行距离短、载荷量较小，适合于小范围区域执行作业，行业应用的无人机重量通常大于5kg。无人直升机能垂直起降，其载荷量较大、抗风性强、机动灵活、能实现定点悬停，其重量通常不大于60kg。

固定翼无人机是无人机最早的机型。其起飞方式以跑道滑行、弹射起飞、车载助跑、火箭助推和飞机投放为主，降落方式以伞降、起落架滑跑着陆、垂直降落和撞网回收为主。固定翼无人机具有续航时间长、巡航距离远、抗风能力强、载重程度大等优势，可细分为油动固定翼无人机、电动固定翼无人机和油电混合动力固定翼无人机。固定翼无人机相比于同类机型在飞行速度、时间、抗风性和安全性有一定优势，但对起飞、降落的场地要求较高，并且因无法实现空中悬停，也不适用于定点监测的应用领域。固定翼无人机类型如图 1－3 所示。

图 1－3　固定翼无人机类型

旋翼无人机是具有单个或多个旋翼轴的无人机，也称为垂直起降无人机。通过旋翼转动产生推力实现起飞，改变每个旋翼的相对转速即可控制无人机的运动轨迹。旋翼无人机具有成本低、体积小、灵活性强、能实现空中悬停等优点，可细分为主旋翼、尾旋翼、同轴旋翼、两旋翼和多旋翼等类型。鉴于机型本身的特点，飞行性能取决于电机的可靠性，相比于其他机型，其飞行时间较短、速度较慢。旋翼无人机类型如图 1－4 所示。

图 1－4　旋翼无人机类型

无人直升机体型较大，可分为单旋翼和多旋翼两大类，可以在任何复杂地形上定点起降，灵活控制飞行的速度和航向，能够及时悬停。无人机直升机具有结构简单、振颤小、噪声小、平衡性强、可靠性高等优点，但系统的稳定性和抗风能力较弱，极其考验地面操控人员的技术水平。常见的无人直升机在飞行时间、速度和承载能力均好于其他两类，但此类机型一旦旋翼发生损坏，则整机会直接坠毁。无人直升机类型如图1-5所示。

图1-5　无人直升机类型

1.2.3　传感器

由于无人机平台承载能力有限，所以搭载的传感器必须满足小体积、轻质量、高精度、低功效的要求。传感器是无人机遥感系统的组成之一，通过传感器可以将对地观测的实际地物影像信息进行保存，在内业经过处理，即可对其进行实际使用。无人机传感器有众多类型，主要有摄像机、可见光相机、多光谱相机、高光谱成像仪、热红外成像仪、小型合成孔径雷达、激光雷达扫描仪，可获取相应影像满足不同实验的要求。鉴于无人机平台所能搭载的传感器重量有限，因此无人机搭载的传感器朝小型、高像素、高稳定性的方向发展，如Alph™摄像机、Omega™相机等凭借其轻重量、小体积的特点应用到实际领域中。

可见光相机是无人机遥感应用中使用最多的一类传感器，在晴天或者阴天条件下，均可快速获取可见光波段的灰度图像和彩色图像。多光谱相机拍摄获取的多光谱影像，是在可见光光谱的基础上增加了紫外光与红外光两个光谱，可同时接收到同一目标不同光谱下的反射信息，进而获得多光谱影像数据。高光谱相机拍摄获取的高光谱影像主要是基于大量窄波段，结合光谱技术和成像技术获取地物一维光谱信息以及二维空间信息，具有较强的地物识别能力。热红外成像仪主要是依据地物自身辐射热量进行红外扫描成像，由于地物温度随时间变化较快，因此不能在雨、雪、雾等恶劣天气下进行工作。激光雷达扫描仪是通过发射光源照射地物，传感器接收地物反射的光线获取地物数据，穿透能力和抗干扰能力强、隐藏性好、低空探测性能好、具有极高的距离分辨率和速度分辨率。无人机搭载传感器类型如图 1-6 所示。

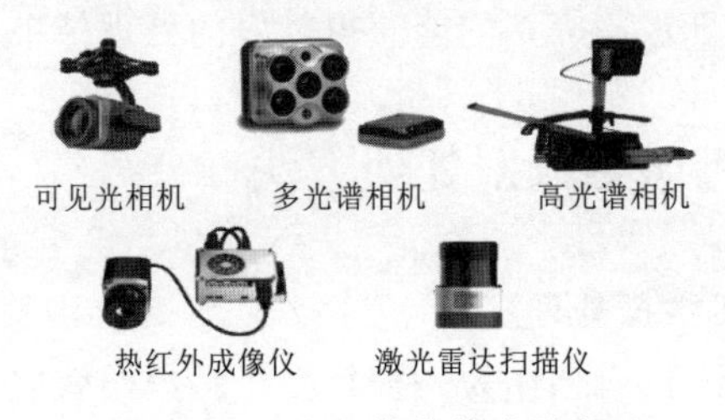

图 1-6 无人机搭载传感器类型

1.2.4 控制系统

无人机携带传感器执行拍摄任务，需要控制系统对其进行操控。控制系统是无人机遥感系统的核心，直接影响任务能否顺利完成。无人机遥感系统控制平台需要实现无人机飞行姿态的速度、角度、高度等状态数据的采集、存储、处理、控制、输出等，具体控制有：无人机姿态稳定与控制、无人机导航与航迹控制、无人机起飞和着陆控制、无人机任务设备与控制等。鉴于无人机飞行平台承重力有限，没有形成统一的标准规范和仍需人工干预数据采集，仍有一定的使用局限性，所以，无人机的控制系统朝着小型、高精度、功能全面、可靠性高的方向发展则尤为重要。嵌入设备如单片机、FPGA 具有较高的独立性，成本低廉、低功耗、处理速度快，能满足大数据量的数据快速处理，尤其适合于作为无人机控制系统的处理器。

1.2.5 数据处理软件

当前，经过众多学者的努力，在影像畸变校正、空中三角测量、无人机影像拼接、无人机影像融合、影像三维建模、惯性导航系统等领域均取得突破性成果，也推动了无人机技术的向前发展。随着科学工作者的不断努力，成熟的摄影测量相关处理软件有MAP-AT、DPGrid、Smart 3D Capture、JX-4、PIX4Dmapper、Inpho、Pixel Factory、Image Station、PixelGrid等，已经可以实现从无人机影像数据预处理到生成4D产品等一系列过程，人工干预程度较低，有着较强的科学研究、工程应用价值。该类软件主要处理步骤为相机校验、同名点自动量测、空中三角测量、正射纠正、三维重建等，均能获得较好的处理结果。

1.3 无人机遥感数据处理方法

1.3.1 无人机数据处理流程

目前，无人机遥感作为一种新型遥感数据获取手段，已广泛应用于各个领域。但是，无人机只能搭载普通的数码相机，并且飞行高度有限，执行拍摄任务会获得较多影像，单张影像幅宽较小，需在内业进行数据处理，生成满足实际应用的数字正射影像图、数字高程模型等。摄影测量学发展至今，共经历了模拟摄影测量、解析摄影测量和数字摄影测量三个阶段，使用精密光学摄影测量仪、机械摄影测量仪、解析测图仪和计算机等仪器进行作业，对科学、生产等方面做出了巨大的贡献。当前，摄影测量学已经进入到数字摄影测量的发展时期，该阶段应用了计算机、数字图像处理、模式识别等多种技术，将数字传感器所获取的以数字形式记录的影像数据，通过内业处理生成4D产品，为国家基础信息更新提供了极大的便利。

摄影测量学方法优点众多，能满足图像处理高精度的要求，成为研究的热门领域，国内外学者已取得众多实验成果。研究者提出结合GPS辅助空三加密，在缺少地面控制点的区域，进行地图的绘制。随着北斗卫星的逐渐使用，一些研究者结合北斗（BeiDou System，BDS）和全球定位系统（Global Positioning

System，GPS）及其两者组合的 3 种动态差分定位模型，进行辅助空中三角测量，可减少地面控制点数量，提高成图效率。针对无 POS 点辅助信息，科研工作者依据航空摄影测量重叠度理论，提出 POS 模拟法，可提高影像自动匹配的成功率，也可用于航拍成果质量检查。科研工作者研发的 PhotoModeler 系统，利用近景摄影技术，可快速进行影像处理，该方法稳定可靠，具有较高的应用价值。Lensoft 公司开发出的摄影测量软件，能够完成从空三测量到最终获取成图，该过程流程简单、操作便捷，推动了摄影测量技术向前发展。

随着科研工作者的不断研究，无人机影像处理软件众多，Smart 3D Capture、Inpho、Pixel Factory、JX4/5、Virtuo Zo、DPGrid、Pixel Grid 等商业软件已经可以实现模型的自动化、批量化处理，运行效果有着明显优势。相关软件生产正射影像图的实验流程如下。

（1）通过相机校验获取影像内方位元素。

（2）以投影中心点、像点和对应的地面点三点共线方程为理论基础，依据地面控制点所处的坐标系统，计算出每一张影像的外方位元素及加密点坐标。

（3）依据每张影片内方位元素和外方位元素，对影像进行匹配，进而获得数字表面模型。

（4）在数字微分纠正步骤中去除数字表面模型和正射影像图之间的误差，以满足制作正射影像图的需求。

（5）最终获得研究区域数字正射影像图。

1.3.2 无人机影像配准方法研究

影像配准是无人机影像拼接的关键技术。根据影像配准方法的不同，将无人机影像拼接方法分为：基于灰度相关的影像配准、基于变换域相关的影像配准和基于特征相关的影像配准。

基于灰度相关的影像配准算法依据影像间的灰度信息，使用搜索算法遍历影像局部区域，完成相似度计算，当相似度值取最大值或最小值时，则认为其最相似，计算影像变换模型，完成影像配准。常见的搜索算法有平均绝对差算法、误差平方和算法。该类方法均需要遍历计算，存在计算量大、精度差、易受噪声影响等问题。后续，为了解决计算量大的问题，Barnea 等提出将初步搜索和精确搜索相结合的序贯相似性检测算法（SSDA），王小睿等又提出改进的 SSDA 算法，实现影像的快速拼接。但该类方法仅适用于较为简单的影像变换场景，当应用于复杂场景变换时，影像配准结果较差。

基于变换域相关的影像配准主要利用傅里叶变换方法，将空域变换为频域，直接计算影像变换模型，完成影像配准。Kuglin 等利用傅里叶变换计算影像之间的像素平移信息，进而完成影像配准。Castro 等将对数极坐标变换和傅里叶变换相结合，进一步提升了影像配准的质量。Chen 等为了解决影像缩放和旋转问题，提出了 Fourier-Melin 算法。但该类方法若角度的取值范围为浮点型，则计算量较大，并且配准影像之间的重叠度范围限制较高，实际应用也较少。

基于特征相关的影像配准方法使用最多，研究成果较为丰富。该类方法能提取影像中显著不变的点信息，其鲁棒性强，计算量小，对噪声、畸变、遮挡均有一定稳定性，实际应用较多。特征点提取与特征点匹配是该类方法的关键步骤。

特征点提取算法经过长期发展，已有较多成熟算法。Smith 等提出了 SUSAN 算法，是最早使用的检测算法之一。随后，为了解决检测算法提取的特征点不具备尺度不变性这一问题，Lowe 等提出了 SIFT（Scale Invariant Feature Transform）算法，该算法的计算精度高，适用领域也较为广泛。但是考虑到拼接效率仍是影像拼接的一个重要研究方向，众多研究者对如何进一步提高拼接效率，进行了大量研究。为了改进 SIFT 算法计算效率低的问题，Bay 等提出 SURF（Speeded Up Robust Features）算法，在继承 SIFT 算法的优势之外，又解决了因 SIFT 算法特征向量较为复杂，造成计算耗时较长的问题。何林阳等提出使用 BRIEF、FREAK 等二进制描述符代替完成特征向量的生成，也能提高特征点匹配的运行时间，但其影像拼接精度也略有降低。此外，Ke等研究者提出使用PCA对特征向量进行降维，结果表明，该方法能在一定范围内提高算法的运行效率，但仍无法满足实时性研究的需求。后续，随着图像处理器（Graphic Processing Unit，GPU）的逐渐发展，Acharya等提出使用GPU完成特征点提取算法的并行加速，结果表明该方式能使算法效率有大幅度的提高，应用前景广阔。

特征点匹配是依据SIFT等特征点检测算法计算出特征向量，通过计算特征向量之间的相似性完成匹配。但传统特征点匹配仅使用算法提取的浅层次特征，使用信息较少，计算精度有待提高。后续，针对深度学习能自主提取影像中的深层次特征，Simo-Serra等研究者提出使用DeepDesc卷积神经网络，提取特征点深层次特征，其可以代替传统特征点提取的浅层次特征完成特征点匹配。李学亮等将卷积神经网络提取的深层次特征与SIFT算法提取的浅层次特征相结合，证明了该方式具有较大的研究价值。

1.3.3 无人机影像分类方法研究

最初的影像分类是通过人工目视解译的方法来实现的，它是根据人们的知识与经验直接对遥感影像进行判别解译完成的。这种方法受人主观意识影响较为明显，费时费力。随着计算机技术的发展，通过计算机进行遥感影像分类发展迅猛。早期影像分类采用的是基于像元的方法，将一个像元作为基本处理单元，仅仅通过像元的光谱特征对影像进行分类。当时遥感影像以中低分辨率为主，影像内部纹理特征等空间信息不明显，分类模型较为局限，主要是监督分类和非监督分类的方法。基于像元的方法实现较为简单，但其运算耗时，也受解译人员的主观因素影响。此外，由于其只利用了图像的光谱特征，没有考虑影像中的空间信息，分类精度较低，效果较差。对于高分辨率的遥感影像，由于其一般情况下波段数更少，基于像元分类的方法更容易产生椒盐噪声。

为了更好地利用影像中的纹理特征、几何形状等空间信息，人们发明了面向对象的分类方法。面向对象是以同质像元所共同构成的对象作为一个基本研究单元，对其纹理特征、几何形状等空间信息和光谱特征共同进行分析的一种影像分类方法。早在20世纪70年代，面向对象分类的方法就被引入遥感影像解译中来。1976年，Ketting和Landgrebe等学者发现了同质性对象提取的优势，并提出了一种名为ECHO的图像分割算法，开辟了基于面向对象的方法进行遥感影像分类的新大陆。1996年，Lobo等学者更是从理论角度证明了面向对象的影像分类方法，比基于像元的方法更加准确和高效。从此以后，面向对象的方法在遥感影像分类中的应用越来越多，理论也越来越成熟。ENVI和eCognition等智能化遥感影像分析软件的发布，更是极大地满足了科研与工程上面向对象影像分类方法的使用需求，也在一定程度上证明了面向对象分类方法走向成熟。

利用面向对象的方法进行影像分类主要分为三个步骤，即影像分割、特征提取和影像分类。影像分割的方法包括基于纹理分割、基于灰度分割、基于多尺度分割和基于特定理论分割等多种分割方法。其中，目前应用最为广泛也相对较为成熟的影像分割方法是Baatz等学者提出的从分形网络演变而来的多尺度分割法。多尺度分割采用逐层分割的方法，从影像像元开始，逐层分割，最终输出有层次效果的影像分割结果，考虑了空间目标的尺度特征，但其仍需要设置分割参数。分割参数的大小直接影响分割对象的几何形状和数目等指标，导致影像分类最终结果也受分割参数所影响。就多尺度分割的发展现状，分割参数的确定需要重复进行实验，而评价最终分割结果也只能通过人的主观臆断或相应人为规定指标，还没有通用的可以较精确确定分割参数的方法。

特征选取是指为后续分析影像并对其进行分类选取一些特征。目前选取的特征大多是低层影像的纹理特征和光谱特征等信息，但这些信息仍无法完全表达影像的信息。有学者尝试加入中层影像等包含的语义特征，最终分类效果确实比仅使用低层影像特征要好很多，但越是高层次的特征越需要投入大量人工的设计与实验，分类过程复杂又繁琐。

影像分类过程一般是利用分类器对提取得到的特征进行分析计算，最终实现对影像的分类。各类机器学习的方法是目前影像分类中使用最为广泛且频繁的，如支持向量机和决策树等，发展至今已经可以将分类器彼此融合，共同提取特征以优化最终分类效果。但这些方法仍然是浅层的结构模型，仅经过有限次的变换组合就得到最终结果，并未有效利用到特征向量之间复杂的结构关系，无法用于数据量庞大且复杂的样本，使其最终得到的分类精度依旧不高。因此有必要引入一些更先进深层次的模型对高分辨率遥感影像进行更高效精准的分类。

1.3.3.1 浅层神经网络

神经网络来源于人们对大脑的更深层次的探索。1943 年，心理学家 Warren McCulloch 和数学逻辑学家 Walter Pitts 发表题为《神经活动中内在思想的逻辑演算》的论文，提出了可以模拟大脑神经元的结构。该模型以两个人的姓氏命名，简称 MP 模型。MP 模型借鉴了神经系统的生理运作过程，模仿神经元的结构和工作原理，是第一个基于神经网络的数学模型。不过限于当时人们对神经元处理信号的原理并没有理解得特别透彻，MP 模型实质上仅仅是简单的线性加权的过程，模型性能的好坏完全取决于权重的大小，手动分配权重很难达到最佳的分类效果。1949 年，Donald Olding Hebb 首次找到一种可以调整权重的方法。受巴普洛夫条件反射的实验所启发，如果两个神经元同时被激活，彼此之间的关联应该会被强化，分类精度有所提升但效果不佳。1958 年，就职于康奈尔大学航空实验室的美国科学家 Frank Rosenblatt 发明了一种由两层神经元组成的感知器人工神经网络。感知器模型本质上还是一种线性模型，使用 MP 模型对输入的数据进行二分类，但其可使用梯度下降法通过训练样本自动更新权重，并且能够收敛。感知器人工神经网络是人工神经网络首次实际应用，它开创了神经网络的新时代。1969 年，数学家 Marvin Minsky 从数学的角度证明了单层感知机模型只能解决线性可分问题，受当时计算机硬件水平限制，多层感知器模型无法实现。从这以后，神经网络的发展陷入停滞。1986 年，深度学习之父 G. E. Hinton 发表文章报道了适用于多层感知器的 BP 神经网络学习算法，并引入了 sigmoid 函数进行映射，克服了早期神经元的弱点，首次打破了非线性的诅咒。BP 神经网络模型在传统神经网络模型正向传播的基础上，增添了反向传播算法，训练过程中不断地调整神经元间的权重和阈值，直到输出值的误差达到允许的范围内。反向传播算法时至今日依然是训练神经网络的主要算法。然而，由于当时计算机硬件的水平有限，在多层网络中运算速度很慢。不久后，BP 算法又被指出存在梯度消失的问题，样本很容易落入局部最小点而不再收敛，无法进行有效的学习，人工神经网络的发展再次进入瓶颈期。

1.3.3.2　深度神经网络

随着计算机技术的飞速发展，也推动着神经网络继续向前迈进。2006 年，G. E. Hinton 在《科学》杂志上正式提出了深层神经网络的概念，并给出了 BP 神经网络训练过程中梯度消失的解决方案，即先用无监督的学习方法逐层训练模型，对权重初始化后再用有监督的反向传播算法进行优化微调。在此之前，从感知器到 BP 算法，神经网络一直都处于浅层学习阶段。此事标志着深度学习的诞生，在学术界乃至工业界都引起了巨大反响，引发了人们对深层神经网络的研究热潮。

随着互联网热潮的出现，以及 GPU 等计算机技术的逐渐成熟，深层神经网络得到了迅速推进。斯坦福大学的李飞飞教授开启了视觉基因组计划，将图像和语义联系到一起，在世界上 167 个国家的近 5 万人的帮助下，创造了世界上最大的图像数据库 ImageNet。它开放使用后，每个人都可以直接用这个庞大的数据库作为训练的样本。为了刺激图像分类的快速发展，从 2010 年开始，ImageNet 项目每年都会举办一次名为 ILSVRC 的计算机视觉竞赛，竞赛过程中涌现出了许多非常优秀的深度神经网络模型。2012 年，AlexNet 模型以精度高于第二名 10%的压倒性优势夺得了 ILSVRC 竞赛桂冠，改写了图像分类的历史。从这以后，深层神经网络得到了飞速发展。2016 年，谷歌的 AlphaGo 在围棋比赛中战胜了世界冠军李世石，轰动了全世界。深度学习也便从这时起成为深层神经网络的代名词，被人们所熟知。

1.4 无人机遥感技术应用领域

鉴于无人机的应用领域较为广阔，本部分着重探讨无人机遥感在自然生态系统监测、自然灾害监测与评估、国土资源调查、农业生产活动监测、环境污染监测、城市建设遥感应用、海岸带监测应用、交通巡逻应用、水利工程应用和电力巡检监测与评估等民用领域的应用，下面分别进行介绍。

1.4.1 自然生态系统监测

无人机应用于生态系统保护主要有以下几个方面：生态系统监测、无人机播种、动植物监测等，众多研究者已进行了大量实践。2019 年，安福县林业调查队利用无人机实现 300 多亩杉树抚育间伐工作的验收，为科学、高效开展管理工作提供支持。2016 年，DroneSeed 公司研制了一种可以播种的无人机，以解决森林退化的现象，在无人机飞行时将运用压缩技术将植物种子弹射入土中进行播种，大大提高了播种效率，该技术已经成功运用于美国人工造林工程中。研究者对隆宝湿地国家自然保护区无人机航拍影像进行综合分析得出，该方式适合统计大型食草动物的数量、分布范围和栖息地状况，能提供最真实的资料，有利于保护生态系统多样性。

1.4.2 自然灾害监测与评估

无人机在冰冻灾害、地震灾害、气象灾害等自然灾害监测中有着广泛应用。2008 年 1 月，我国南方发生冰冻灾害，国家减灾中心与桂林市民政局合作，首次把无人机应用于抢险救灾领域，最终获取的精确坐标信息与受灾面积为后续开展救援工作提供极大帮助。2008年5月12日，汶川地震发生后，中国科学院遥感应用研究所紧急派遣飞像1号无人机，拍摄获取分辨率高达0.2m的高精度灾区影像，并在后续救援行动中派遣无人机执行运送物资、人员搜救、传递信息等任务，发挥了重要作用。基于无人机搭载气象仪器，对无法建设气象基站的地区远程监控获取气温、风速、湿度等气象信息，实现精准预报与长期监控，该方法尤其适合于荒漠、森林、湿地、山区等地广人稀的地区。

1.4.3　国土资源调查

无人机在地籍测量、矿产资源探测等方面有着广泛应用。黑龙江开展无人机地籍调查工作中，依据无人机拍摄的遥感影像，统计地籍分布的位置、范围等信息，绘制出地籍图约7km^2，达到1∶1000比例尺的精度，促进土地确权等政策的实施。我国矿产资源丰富，周围环境较为复杂，以往矿产资源探测方式存在效率较低的缺陷，科研工作者以新疆军嫂矿和五洲四号矿两个矿区进行研究，证明无人机探测矿产资源与传统方式在获取大致相同储量时，速度提高了9倍，证明该方式具有极高的实际应用价值。当前，违法者私自开采矿产资源的行为时常发生，执法人员往往无法及时到达现场进行制止，远程操控无人机就可对矿区进行实时监测，保留违法证据并及时给予警告，有效打击违法行为。因此，无人机在国土资源调查工作中应用较为广泛，具有极高的应用前景。

1.4.4　农业生产活动监测

无人机在农业应用方面备受青睐，可精准获取农业方面的多种信息，如作物长势、生理状态、产量、病虫害指标、氮素和水分含量等信息，方便管理者及时掌握相关情况。科研工作者利用无人机搭载相机在浙江省富阳市高桥镇对农田区域进行监测，在内业处理中基于主成分分析技术获取特征向量构建氮素反演模型，该模型能够快速、准确地获取冬小麦关键生育期的氮素含量，为及时播撒化肥提供依据。1987年，日本生产了第一架农用无人机，解决了传统人工喷洒需要耗费大量人力物力的缺陷，以其独特的喷洒均匀、效率高、无人员中毒危险等优势发展迅速。我国无人机喷洒虽然还未大面积广泛使用，但众多学者均进行了深入研究，今后将会成为精准农业中发展最快的领域之一。

1.4.5 环境污染监测

随着经济社会的高速发展，水体污染、大气污染等一系列环境污染问题日趋严重并在一定程度上影响人类的生产生活。在对水体污染的监测中，广东省东莞市生态环境局联合其他部门，开展石马河水环境保护行动，不仅使用无人机搭载可见光相机对地面上的污水口、水面上的漂浮物、工业设施、居民生活区进行清晰的拍摄，还使用热红外成像技术对水温进行测量，生成水体污染分布图，从而进行污染源识别和潜在风险评估，为污水治理政策的实施和后期水质恢复评估提供支持。在对大气污染的监测中，可监测 PM2.5、二氧化氮、二氧化硫、一氧化碳、臭氧、湿度、压力等信息，如科研工作者以浙江省临安市郊区作为研究区域，在 4km×4km 研究范围内均匀收集实验数据，获取以 PM2.5 为代表的污染物浓度，根据获取的信息建立三维分布图及浓度垂直分布图，探讨雾霾的形成与温度和大气的影响，为治理雾霾等大气污染和查处违法排放污染气体的企业提供支持。

1.4.6 城市建设遥感应用

无人机在城市上空进行飞行，实时传送相关数据到视频监控设备，安保人员仅在室内就可以实时巡逻，方便进行警力资源分配、应急响应等。江苏宿城为解决在人员密集、建筑物众多的城市区域依靠人工勘察会有耗时耗力的问题，使用无人机搭载传感器对工业区、居民生活区、餐饮区等人员流动较大、环境污染较为严重的区域进行监测，能及时掌握实际信息，极大地提高监管部门的执行效率，对维护城市形象有重大意义。无人机在三维立体建模的应用明显大于建筑物二维平面图，因此更多科研人员开始加入该项研究。国外学者对兰登伯格城堡进行了无人机飞行航拍，经过内业的一系列处理，克服了影像拼接过程中的时间、速度等不一致的关键问题，最终实现高精度、高清晰的复杂模型，为科学研究提供宝贵经验。研究者以广东省广州市上涌果树公园和海珠湖公园为研究区，利用无人机航拍获取的高分辨率影像，在对其进行遥感解译后获得城市建筑面积和工业用地面积等相关指标，推进城市土地集约的进程。将无人机遥感解译的方法与实测资料数据进行对比验证，证实该方法具有很高的可行性。

1.4.7 海岸带监测应用

无人机具有高精度、高效率、高自动化的特点，利用无人机平台携带可见光传感器对沿海地区进行飞行航拍，能对海洋赤潮和资源开发等进行及时监测，为沿海地区的安全管理提供数据支持。国家海洋局为利用无人机对沿海区域进行及时监测，引进了无人机遥感系统和全数字摄影测量系统，在青岛进行试点，取得较好试验结果。辽宁省海洋局与渔业厅在大连市和营口市两个地区均建立无人机基地，一旦发生风暴潮、赤潮等自然危害，可迅速派遣无人机到达目标区域，传回现场信息，在海洋环境保护方面和应急救援方面具有重要意义。沿海地区海岛众多，部分海岛无法登陆探测，不利于海岛资源的开发利用，利用无人机可对海岛进行定期巡查，掌握海岛石油、植被、淡水等资源的分布状况，对资源保护与规划开发有着重要作用，对维护国家领土完整也有重大意义。

1.4.8 交通巡逻应用

无人机通过搭载高分辨率数码相机对交通状况进行实时监测，能在远程遥控状态下到达指定区域进行视频和影像的获取，实现监管区域交通环境实时掌握，保证人民生命安全。通过无人机实时监测道路安全状况和车辆行驶情况，可以预测交通流量和实时设计限速，为汽车安全行驶、交通疏导提供数据支持。众多国内外研究者实现了无人机在道路交通方面的应用，美国交通部设计了一套无人机监测系统，能根据道路交通状况，及时指导车辆重新规划线路以减缓道路阻塞；长安大学研究者设计出了一款能及时规划线路、监测交通流量的无人机 APP 软件；吕梦制订了能满足道路养护工作的无人机巡查方案，为道路勘测、道路建设、道路养护、道路巡检、应急指挥等提供便利，缩减的人力、时间、金钱成本，并能实现高频次复检，有较为广阔的应用前景。

1.4.9　水利工程应用

无人机作为一种新型低空遥感观测技术，其航测精度可以达到0.05～0.4m分辨率，对洪涝灾害监测、水环境监测、水利设施建设等应用较为广泛。无人机在抢险救灾研究的应用：对于鄱阳湖、洞庭湖等区域，每年4月就进入汛期，一旦雨量较多，极易发生洪涝灾害，因此利用无人机对水域进行实时监测，对河道内水位上升、农田水涝灾害和防洪工程运营情况进行监管，及时发现危险点位置，对应急抽水、抢险救灾、灾民安置等政策的制定提供重要支持。无人机在水利环境监测研究的应用：常规遥感手段不能有效区分水域中的悬浮物、浓度、浊物，无人机搭载高光谱成像仪获取高光谱遥感影像，可精确识别水生植物、反演水环境质量信息，获得高精度的相关结果可以满足实际应用需要。无人机在水利设施建设方面的应用：2018年，为响应国家加快推进西部开发重大调水工程的完成，青海省水利水电勘测设计院承担了引黄济宁工程的设计任务，在10d内使用多架无人机获得的高质量航拍影像为后续规划建设提供强有力支持，确保任务圆满完成。

1.4.10　电力巡检监测与评估

无人机应用于输电线路巡检，不受地形地貌限制，尤其适用于险峻山区、多河流地貌等复杂环境。无人机搭载高清摄像设备可对输电线路故障进行实时定位和精准故障检测，地面控制人员可根据无人机回传实况信息及时排除线路故障，节省了大量人力、物力，提高了电路巡查效率和巡检人员工作安全系数。英国最早将无人机应用于电力巡检，并发明了相应的飞行器，该飞行器可以智能识别障碍物，并可以在飞行中躲避树木等较大障碍物。之后，研究人员也相继发明众多无人机模型，其可以在电路巡检过程中，依靠线路提供飞行动力，推动了无人机在电路巡检方面的应用。中国国家电网公司也已开展无人机在电路巡检领域的应用，编制了一套无人机使用流程及操作人员培训手册，扩展了无人机的应用范围。

1.5 无人机遥感未来研究方向

1.5.1 加快无人机蜂群平台建设

目前无人机在各个领域的应用还处于“单兵作战”模式，即使在同一区域使用多架无人机进行拍摄，它们之间也是相互独立，这种模式在一定程度上限制了无人机在大面积区域监测扩展的进度。无人机蜂群就是由一架无人机母机和一系列规格相同的无人机子机构成，该系统中无人机灵活机动，凭借抗毁性强、成本低廉、功能多样性等优势成为未来航空装备体系中的重要组成部分。

着眼于科技的快速发展，无人机蜂群的建成是一种必然趋势。当前，无人机蜂群还未实现相互配合的技术支撑，还需加强无人机的自动化研究程度，早日实现无人机智能化协同作业、强强联合。无人机蜂群概念图如图1-7所示。

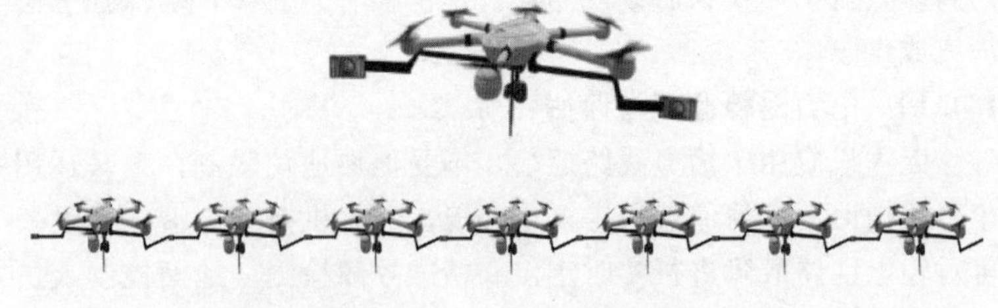

图1-7 无人机蜂群概念图

1.5.2 实现无人机平台与载荷的标准化、微型化、智能化

现有无人机平台和无人机载荷的型号、种类十分繁杂，没有形成统一的标准规范，限制了无人机的使用效率。将无人机平台

和搭载的传感器型号标准化，实现一架无人机可以搭配多种类型传感器执行作业，能有效提高无人机平台及无人机载荷的使用效率。

无人机所能承载的传感器重量有限，减轻传感器重量，缩小传感器的体积，可以使无人机在飞行过程中更加平稳，提升了无人机的飞行高度，延长无人机的飞行时间。因此实现传感器微型化是无人机产业未来的一个重要发展方向。当前，无人机平台外业数据采集还需人工干预，今后应实现无人机智能化作业，通过无人机飞控系统、通讯系统、动力系统等技术的提高，最终实现其自主航行作业，智能避障、群体作业，促使无人机产业快速发展。

1.5.3 实现无人机处理软件的精确性、实时性、智能性

现如今，无人机以其低成本、方便快捷、可靠性高的优势有着广阔的发展前景，但目前无人机研究主要侧重于无人机硬件产品的提升，而忽略了无人机配套软件的开发。未来应该注重开发更加高效和实用的无人机遥感影像处理系统，以提高数据处理的效率、精度，减少人工干预程度，实现遥感影像处理的精确性、实时性、智能性。

1.5.4 将 GPU 并行计算、大数据、人工智能应用于无人机数据处理

当前，GPU 凭借其强大的并行计算已经广泛应用于各个科研领域，如无人机影像特征提取、特征匹配，但对于无人机影像畸变校正、影像融合等方面的并行加速研究较少。随着 GPU 并行处理技术的不断优化，GPU 与无人机数据处理各个部分的结合将会越来越多，为无人机行业的生产、应用带来便捷。

无人机技术凭借着灵活、经济等众多优势，发展迅速，依靠海量无人机影像数据与大数据理念紧密相连。在数据缺乏的时期，行业人员仅仅关注如何依据影像生成所需成果；而现在，面对爆发式数据增加，如何在大数据时代有效挖掘重要信息并加以利用，则成为未来发展的重要研究方向。

人工智能与无人机的结合已经成功用于运输行业、执法监

督、战场等领域，提高无人机的智能水平将一直是研究热点领域，尤其是在复杂的战争领域，将成为各个国家提高军事水平的基础保障之一。因此，结合人工智能相关算法，使无人机能自动躲避障碍物、识别信息和完成作业任务将成为科研工作者不断努力的目标。

1.5.5　扩大无人机应用范围，增强无人机产业化程度

无人机遥感凭借灵活机动、影像实时传输、高危地区探测、近全天候工作等优点，尤其在自然灾害监测中发挥着重要作用，成为应急救援领域的主力军。当前，无人机在应急救援领域发挥着实时监测、救援物资运输、灾情评估等功能；今后，救援型无人机的综合能力将得到提高，能实时绘制地图、进行人员搜救、任务调度、集成多种功能，发挥重要作用。

目前无人机的应用范围广阔，但尚未达到完全国民化，市场应用仍需加强，应当加快无人机遥感应用的普及，使无人机遥感可以在更多领域发挥作用。加大无人机在各个领域的应用研究，有着极大的商业价值和应用的潜力。将无人机的生产链、应用链与市场需求相结合，最终形成一条从产品设计、研发，到无人机管理员的培训、服务到社会生产、生活等多个方面的全新的生产供应产业链，营造良好的发展环境，有利于提高我国的国际竞争力。当前，我国以广东地区为代表已经形成了产业链，未来还需进一步增强其产业化程度。

1.5.6　实现无人机隐身性能

未来的无人机应用范围将更加广阔，飞行环境的危险性将越来越高，如战场应用。战场环境不可预见，就需要无人机有较强的隐身性能，使敌军无法轻易发现，进而对我方进行攻击。

常见的雷达隐身，通过提高无人机机身所使用的材料和外形不易被敌人探测，如机身表面安装特制材料，对照射到机身的雷达信号全部吸收，进而达到隐身的效果；反红外隐身主要是通过降低无人机表面温度和红外发射率，如采用冷却剂对机身进行降温处理，研制使用可快速冷却的燃料等。随着科技的快速发展，

可见光、声波等探测手段的出现，也使无人机隐身的方向众多，需要科研人员进一步研究。

未来的无人机应具备较强的隐身性能，可以从无人机自身结构、材质、温度等多方面考虑，达到最佳隐身效果，以适应复杂的作业环境，满足不同任务的要求。

1.5.7　空-天-地一体无人机组网监测预警技术

综合无人机、卫星遥感、北斗中端设备等技术，获取研究区域多种类型空间数据，实现空-天-地一体化无人机组网监测，能实现风险快速发现，及时预警，对于迅速启动灾害救援应对措施十分重要。我国对于空-天-地一体化组网监测十分重视，已经取得一定进展，并致力于提高重点目标区域实时、精准、稳定监测能力。

加快空天地一体化研究，实现突发事件中一体化协同观测和应急通信，在较短时间内及时获取预警信息，为制定有效的治理措施提供实时精准数据。鉴于监测数据的多样性和监测区域的特殊性，研究如何依据大量监测数据，对灾害发生时间及影响范围进行精确的预警，是当前面临的最大困境，还需进一步加强研究。

第2章 无人机遥感数据处理方法

2.1 无人机遥感影像拼接处理

一个完整的影像拼接过程主要包括影像预处理、影像配准、影像融合。

2.1.1 影像预处理

无人机在实际应用过程中使用非量测型相机，拍摄的相片存在变形，使相片中的地物位置偏离了实际位置，并且在飞行航拍过程中，会受到空气流动及自身飞行震动的影响，导致飞行的航向与航拍角度随时变动，造成影像模糊失真，这是造成后续影像处理生成所需产品精度较低的重要原因，因此需要进行无人机影像校正、图像增强等预处理。

2.1.1.1 几何校正

影像几何校正主要包括坐标转换和灰度重采样两部分。

1. 坐标转换

设无人机待校正影像为 $G(X, Y)$，参考影像为 $f(x, y)$，参考影像是无畸变的影像，以无畸变的参考影像为基准，通过找到两幅影像之间的控制点，依据控制点完成坐标变换。无人机影像坐标转换有两种方法：直接校正法和间接校正法。

（1）直接校正法：根据参考影像的像素点坐标，计算出待校正影像像素点坐标值，计算公式见式（2-1）：

$$\left.\begin{aligned} X &= F_x(x, y) \\ Y &= F_y(x, y) \end{aligned}\right\} \tag{2-1}$$

公式（2-1）中，F_x、F_y 畸变校正关系式已知，可以通过该关系式计算待校正影像像素点坐标转换到参考影像坐标系对应的坐标值。

（2）间接校正法：依据直接校正法公式进行反推，反推公式见式（2-2）：

$$\left.\begin{aligned} x &= F'_x(X,Y) \\ y &= F'_y(X,Y) \end{aligned}\right\} \tag{2-2}$$

依据控制点坐标在两幅影像之间的坐标值，计算畸变公式 F'_x、F'_y，在畸变公式已知的情况下，可以依据像素点坐标值，推算完成像素坐标变换。

2. 灰度重采样

坐标完成转换后，影像像元位置会产生偏离，所以需进行灰度重采样，该步骤常用的方法主要有最近邻插值法、双线性插值法、三次卷积插值法。

（1）最近邻插值法：其算法原理是统计待求像元点与临近像元点之间的欧氏距离，排序选定距离最小的临近像元，将该像元的灰度值赋予待求像元点。该方法计算较为简单，但会出现像素灰度值间断的现象。

（2）双线性插值法：其算法原理是将待求像元点的临近像元在横向和纵向均完成一次线性内插。这种方法处理图像细节较为平滑，几何精度较高，计算量略大，会造成一定的图像轮廓模糊现象，对影像后续分析有一定影响。

（3）三次卷积插值法：其算法原理是根据三次多项式方程，将待求像元点临近的 4×4 个像元点进行内插获得最终的混合像元，相比于前两种方法，该方法计算量较大，但精度最高，插值效果也最好。

2.1.1.2 图像增强

图像增强是将原本成像质量较差的图像通过滤波、均衡化等进行处理，突出图像中的角点、边缘线等特征，使不同地物能在颜色等方面进行明显区分，以便达到改善图片质量的情况。在遥感影像预处理过程中使用图像增强操作，能突出影像中的特征，提高影像的成像质量，增加影像识别效果，便于进行影像遥感解译和识别。

直方图均衡化是对影像的灰度直方图进行对比度增强，将影像整体像素值均匀扩散分布，以便提高地物之间的对比度，使影像更为色彩鲜明。该方法可以将影像中数据量较多的灰度范围进行展宽，并将数据量较小的灰度范围进行合并。对于无人机影像拼接研究来说，使用直方图均衡化的方法对影像进行处理，有助于提取稳定的特征点，对于成像较亮或者较暗的影像尤为适用。

原始影像尺寸是 $M \times N$，有 s 个灰度级，对于常见的 0－255 灰度区间，第 k 个灰度级计算公式见式（2－3）：

$$Pr(r_k)=\frac{n_k}{n},0\leqslant r_k\leqslant 1,k=0,1,\cdots,s-1 \qquad (2-3)$$

式中：n_k 为第 k 个灰度级的像元总数量；n 为像元总数量。

直方图累计分布概率计算公式见式（2－4）：

$$Pa=\sum_{0}^{k}Pr(r_k) \qquad (2-4)$$

使用累积分布概率计算公式进行灰度级映射，即可获得处理后的影像，见式（2－5）：

$$f(k)=255\times Pa(k) \qquad (2-5)$$

原始鄱阳湖流域无人机影像如图 2－1（a）所示，直方图均衡化处理后的影像如图 2－1（b）所示。

（a）直方图均衡化处理前影像

（b）直方图均衡化处理后影像

图 2－1　图像增强对比图

由图 2－1 可以看出，（a）影像和（b）影像在颜色方面差别较大，使用直方图均衡化进行影像处理，能消除相邻两幅影像因色调和亮度的不同而出现的模糊现象，从而达到增强影像对比度的结果，提高影像细节信息。

2.1.2 影像配准

基于特征相关的影像配准方法鲁棒性强，计算量小，对噪声、畸变、遮挡均有一定稳定性，实际应用较多。基于特征相关的影像配准主要包括特征点提取、特征点匹配、异常匹配点对剔除、影像变换模型建立等。

2.1.2.1 特征点提取

1. SIFT 算法

SIFT 算法依据影像的亮度值进行特征点检测，在 1999 年被提出，成为目前检测特征点使用最为广泛的算法之一。该算法不受旋转、缩放、平移、压缩、光照、遮挡、复杂场景、噪声等因素的影响，能获取稳定不易改变的特征点。对于场景复杂的无人机影像，该算法仍然能精准定位特征点，因此，该算法尤其适用于影像拼接、三维重建等应用领域。

SIFT 算法计算过程共包含四步：

(1) 构造尺度空间。构建尺度空间，可以使计算获得的特征点包含尺度不变性。众所周知，高斯核是仅有的能产生多尺度空间的核。因此，通过变换高斯核函数数值获得影像金字塔，随后构建差分金字塔，在差分金字塔中完成极值点的检测。

高斯核 $G(x,y,\sigma)$ 计算公式见式（2-6）：

$$G(x,y,\sigma)=\frac{1}{2\pi\sigma^2}e^{-(x^2+y^2)/2\sigma^2} \tag{2-6}$$

式中：σ 为尺度，控制影像被平滑的程度，不同尺度对应影像的不同特征。

尺度空间 $L(x,y,\sigma)$ 通过高斯核 $G(x,y,\sigma)$ 与输入影像 $I(x, y)$ 进行卷积运算获得，如式（2-7）所示，式中⊗为卷积操作。

$$L(x,y,\sigma)=G(x,y,\sigma)\otimes I(x,y) \tag{2-7}$$

构成的高斯金字塔如图 2-2 所示，由式（2-8）计算获得。

$$\sigma(s)=\sigma_0\times 2^{s/S} \tag{2-8}$$

式中：σ_0 为初始尺度；s 为 sub-level 层坐标；S 为每组层数。

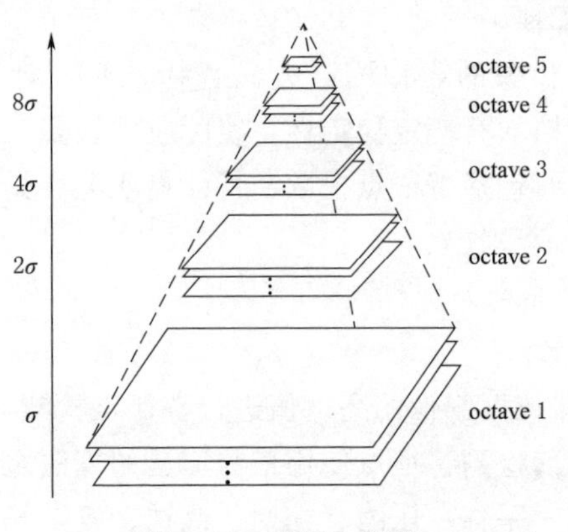

图 2-2　高斯金字塔

高斯金字塔构建完成后，通过组间相邻两张影像相减即可计算获得 DOG 高斯差分金字塔，进而可以计算出特征点实际位置，高斯差分金字塔如图 2-3 所示。

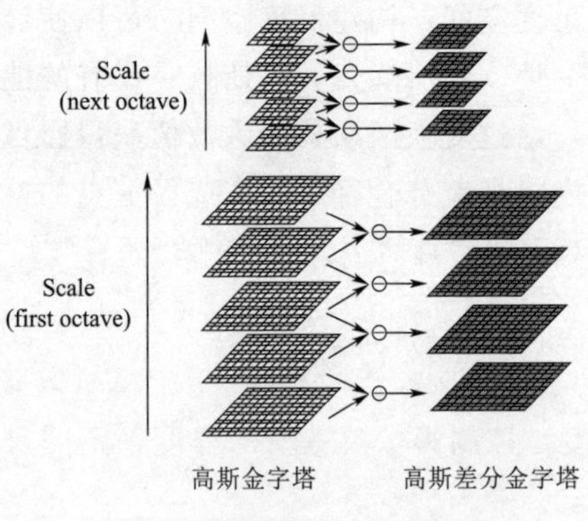

图 2-3　高斯差分金字塔

（2）特征点检测。特征点的检测是通过在高斯差分金字塔中获取待检测点的坐标信息，然后对待检测特征点与周围 26 个点相比较，当该点均为极值点时，判断该点为局部极值点，特征点检测示意图如图 2-4 所示。

鉴于检测出来的局部极值点稳定性不一，因此还需要进一步处理，保留最终的特征点，以提高后续处理的稳定性。判断方式如下：首先，判断该点是否是边缘点，若是，则剔除该点；其次，判断该点与临近像素点的差值，若差值较小，需剔除。

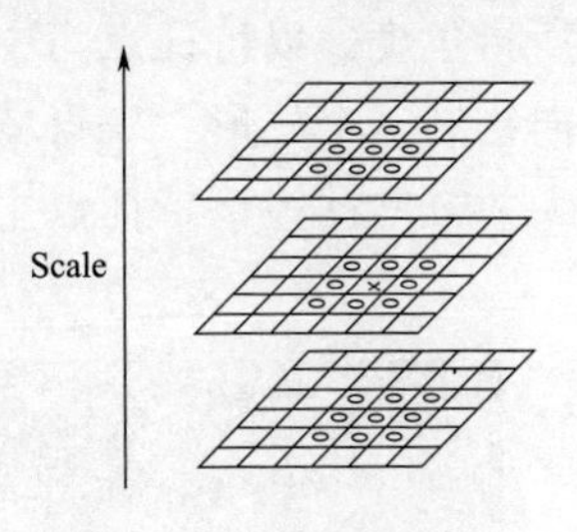

图 2-4　DOG 空间极值点检测

在尺度空间中计算获得的极值点，并不一定是真正的极值点，需要进行函数拟合处理，获得真正的极值点。

拟合函数见式（2-9）：

$$D(X)=D+\frac{\partial D^T}{\partial X}X+\frac{1}{2}X^T\frac{\partial^2 D^T}{\partial X^2}X \tag{2-9}$$

其极值点 $X=(x,y,\sigma)^T$，通过对式（2-9）进行求导，令计算结果为零，计算出关键点偏移量见式（2-10）：

$$\overline{X}=-\frac{\partial^2 D^{-1}}{\partial X^2}\frac{\partial D}{\partial X} \tag{2-10}$$

则极值点计算公式见式（2-11）：

$$D(\overline{X})=D+\frac{1}{2}\frac{\partial D^T}{\partial X}\overline{X} \tag{2-11}$$

（3）特征点主方向计算。当提取特征点后，需要判断该点的主方向，以主方向为基准统计梯度方向，从而计算出特征向量，以便提高特征点匹配精度。计算像素点 (x,y) 在尺度影像 L 中的梯度方向，见式（2-12）和式（2-13）：

$$m(x,y)=\sqrt{[L(x+1,y)-L(x-1,y)]^2+[L(x,y+1)-L(x,y-1)]^2} \tag{2-12}$$

$$\theta(x,y)=\tan^{-1}\frac{L(x,y+1)-L(x,y-1)}{L(x+1,y)-L(x-1,y)} \tag{2-13}$$

如图 2-5 所示，以特征点为中心，选取周围一定区域内的像素点，箭头的长度即代表像素点梯度值的大小，方向即为箭头所指角度。以特征点为中心，统计临近像素梯度值，每个梯度方向绘制一个柱形，获得特征点方向直方图。直方图中幅值累积最大的方向即为该特征点主方向。

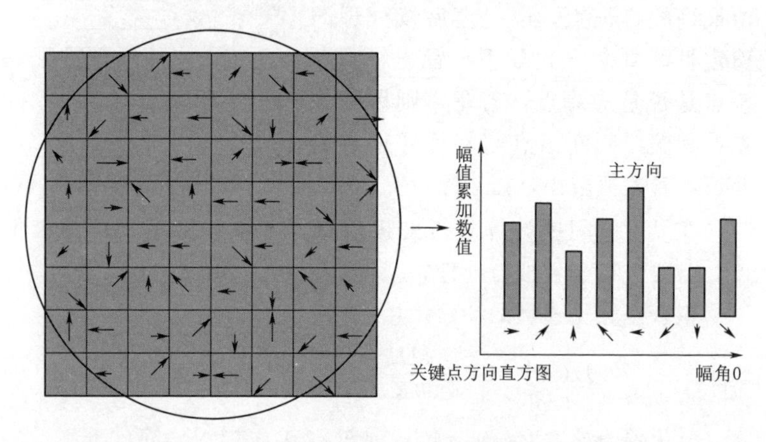

图 2-5　特征点方向直方图

（4）特征向量计算。经过上述步骤，获得特征点主方向，如图 2-6 所示，沿着特征点主方向进行旋转并计算相应特征向量。

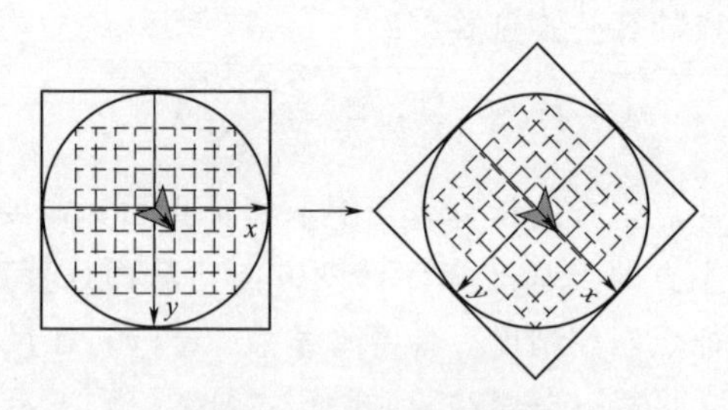

图 2-6　特征点主方向

原始坐标为（x, y），旋转后的新像素坐标为（x', y'），计算公式见式（2-14）：

$$\begin{bmatrix} x' \\ y' \end{bmatrix} = \begin{bmatrix} \cos\theta & -\sin\theta \\ \sin\theta & \cos\theta \end{bmatrix} \begin{bmatrix} x \\ y \end{bmatrix} \tag{2-14}$$

特征点描述向量是指对每个特征点进行尺度和方向参数的描

述，通过获得固定尺度上特征点邻域内像素的梯度，然后进行方向描述。最终特征向量计算如图 2-7 所示，以特征点为中心，以影像主方向为基准方向，选取 8×8 采样窗口进行像素划分，每个小块即为该尺度下的一个像素点，然后绘制梯度直方图。最后使用 4×4 采样窗口计算每个小格的梯度累加值。4×4 采样窗口中共有 16 个小格，每个小格共有 8 个梯度方向。因此，SIFT 特征向量维度共 128 维。

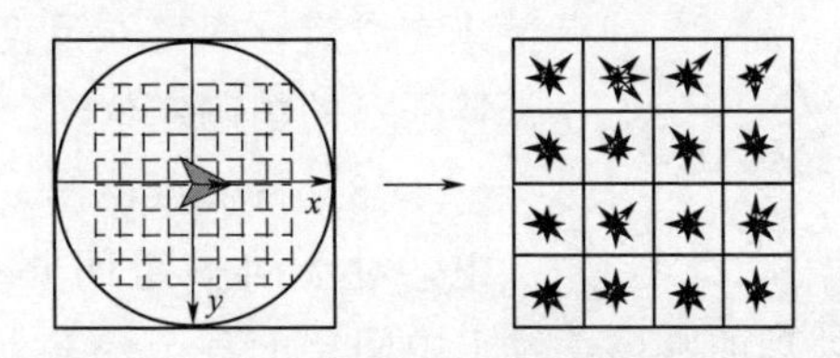

图 2-7　特征向量描述符的构造

2. SURF 算法

SURF 算法由 SIFT 算法改进而来，在继承 SIFT 算法的优势之外，解决了由于 SIFT 算法特征向量较为复杂，造成计算耗时较长的问题，更为高效地实现特征点检测的计算过程。结合 SURF 原理可知，其实现过程主要有以下五步。

（1）构建积分图像。原始影像中任意一点的在积分图像上的数值，是由该点到原始影像中 0 点处长方形区域内像素灰度值总和。以往若想计算原始影像中某一个区间内的像素灰度值总和，需要逐个像素进行求和运算获得，然而引入积分图像后，仅需在积分图像上，直接获取四个角点像素灰度值，进行简单的基本运算，即可计算出任意所需矩形内的像素灰度值总和，提高运行效率。

（2）构造尺度空间。SURF 算法尺度空间的构建与 SIFT 算法有显著不同，不是通过改变原始影像大小完成影像金字塔的构建，而是通过改变盒式滤波器完成金字塔构建，仅需改变盒式滤波器的大小与模糊系数，便可以获得多种尺寸、多种清晰度的影像，最终达到快速构建尺度空间的目的。

SURF 算法能构造 O 组 L 层图像，其构造示意图如图 2－8 所示，不同组间图像的尺寸都是一致的，通过改变滤波器的尺寸和模糊系数达到构建尺度空间的目的。并且，SURF 算法为了加快尺度空间的构建过程，在原始影像与滤波器的卷积过程中引入积分影像加快算法的处理速度。尺度空间构建完成后，即可在尺度空间中完成特征点的精确定位。

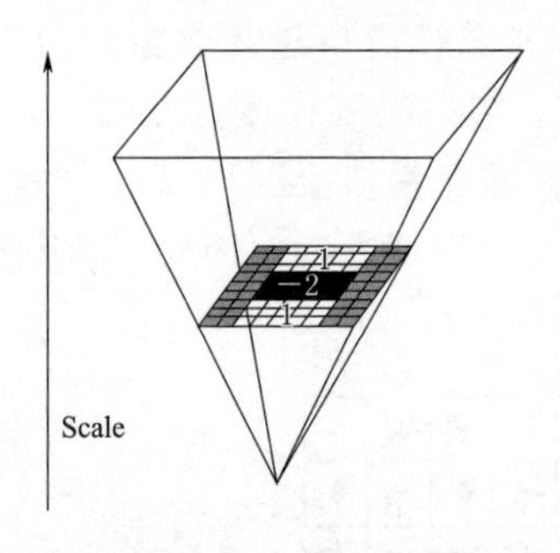

图 2－8　尺度空间

（3）特征点检测。在尺度空间中，对于同一组间相邻三层经过 Hessian 矩阵处理的影像，对于中间层的各个像素点，均将其与周围邻域内的所有相邻点进行对比，当该点均为极值点时，便将该点当作待定点，在对其进行进一步筛选，保留的稳定点即为初步特征点。然后，与 SIFT 算法一样，使用插值方法计算出亚像素级的精准坐标。对于任意一个像素点，均可以计算其 Hessian 矩阵，见式（2－15）：

$$H(x,y,\sigma)=\begin{bmatrix}L_{xx}(x,y,\sigma) & L_{xy}(x,y,\sigma)\\ L_{xx}(x,y,\sigma) & L_{yy}(x,y,\sigma)\end{bmatrix} \tag{2-15}$$

式中：L 为输入影像；(x,y) 为像素点；σ 为尺度；$L_{xx}(x,y,\sigma)$、$L_{xy}(x,y,\sigma)$、$L_{yy}(x,y,\sigma)$ 为高斯函数在该点处卷积的结果，即高斯二阶偏导数。

高斯函数如式（2－16）所示：

$$G(x,y,\sigma)=\frac{1}{2\pi\sigma^2}e^{-(x^2+y^2)/2\sigma^2} \tag{2-16}$$

$L_{xx}(x,y,\sigma)$函数如式（2－17）所示：

$$L_{xx}(x,y,\sigma)=\frac{\partial^2 G(x,y,\sigma)}{\partial x^2}\otimes I(x,y) \tag{2-17}$$

式中：$L_{xx}(x,y,\sigma)$已知，类比可知 $L_{xy}(x,y,\sigma)$、$L_{yy}(x,y,\sigma)$ 的计算公式。为了提高算法的执行速度，用 D_{xx}、D_{xy} 和 D_{yy} 近

似代替 L_{xx}、L_{xy} 和 L_{yy}（如图 2-9 所示）。

由此可知，Hessian 矩阵判别式如式（2-18）所示，图 2-9 中白色代表正值，黑色代表负值，灰色代表 0 值区域。

$$\det(H)=D_{xx}\cdot D_{yy}-(0.9D_{xy})^2 \tag{2-18}$$

式中：0.9 为权重系数；D_{xx}、D_{xy}、D_{yy} 为指盒式滤波器和影像在像素点（x，y）处的卷积结果。

由 Hessian 矩阵能计算获得影像局部极值点，然后将该点与尺度空间内所有相邻点比较数值大小，判断出该点是否为极值点。对所有极值点进行函数拟合，最终获得精确特征点的坐标值。

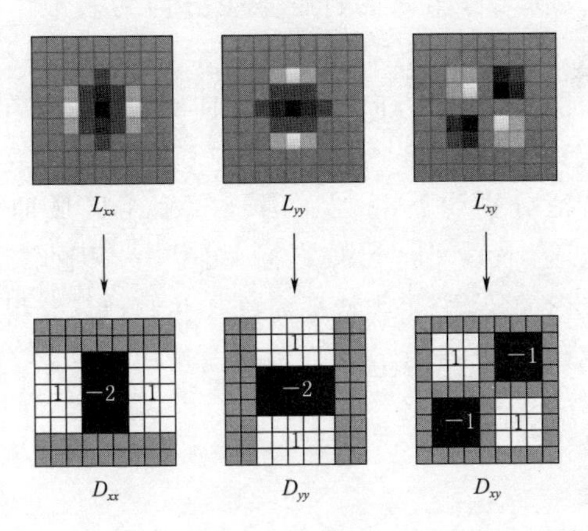

图 2-9　D_{xx}、D_{xy} 和 D_{yy} 代替 L_{xx}、L_{xy} 和 L_{yy} 示意图

（4）特征点主方向计算。SURF 算法通过统计特征点周围一定区域的小波特征总和，完成主方向的计算，确保特征点具有旋转不变性。主方向的计算如图 2-10 所示，是先在特征点周围构建一定区域（6σ）的圆形区间，统计阴影影像区域的水平和垂直两个方向上的小波特征值，然后以固定值旋转该扇形，继续进行区域内小波特征值的统计，直至圆形区域的所有区域均被统计，结果计算出扇形区域内各像素响应值最大的区间即为特征主方向。

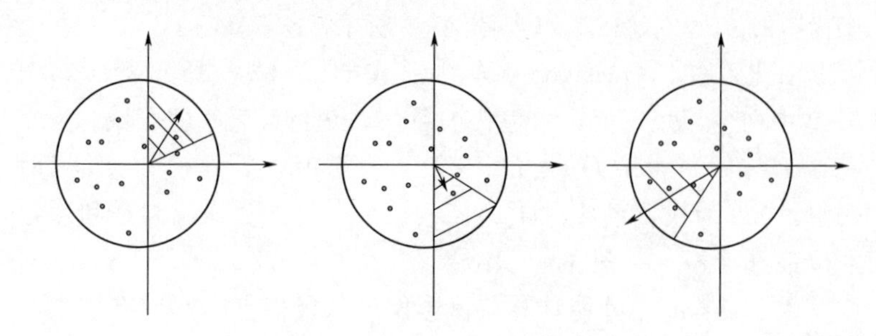

图 2-10 特征点主方向

(5) 特征向量计算。SURF 算法的特征向量计算示意图如图 2-11 所示。以计算出来的特征点主方向为基准，构建边长为 20σ 的正方形，并将该正方形框等分为 16 个区域，统计各个区域内小波特征，设水平方向和水平方向绝对值之和的 Haar 小波特征分别为 $\sum dx \sum |dx|$，垂直方向和垂直方向绝对值之和的 Haar 小波特征分别为 $\sum dy \sum |dy|$，一个区域即可构造向量 $V=(\sum dx, \sum |dx|, \sum dy, \sum |dy|)$，因此该算法提取的向量就有 16 × 4，共 64 维特征向量，并对计算获得的特征向量进行归一化处理，即完成特征点描述向量的生成。

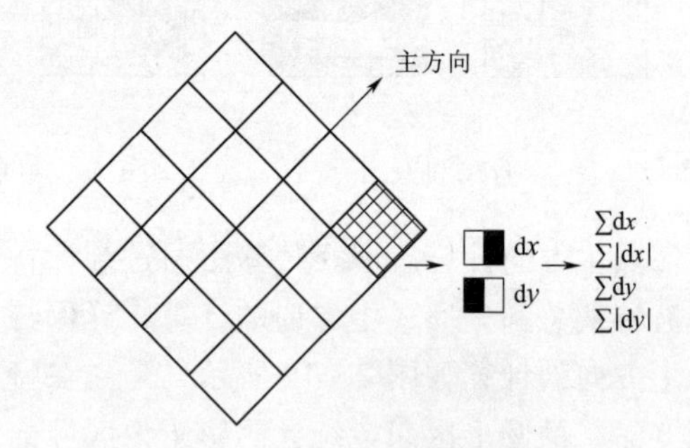

图 2-11 特征向量描述符的构造

2.1.2.2 特征点匹配

K 最近邻算法（K-Nearest Neighbor，KNN）的原理是对每个样本，都可以找到与之接近的 K 个邻居。若将特征点匹配样本缩放在 KNN 的范围内，可以缩小计算样本的匹配时间。本研究采用的 K 数值取 2，设影像 I_1、I_2 分别为两幅影像，对于影像 I_1 中随机挑选的一个特征点 P，统计其与 I_2 中任意一个特征点之间的欧式距离。

n 维空间欧式距离计算公式见式（2－19）：

$$L(x,y)=\sqrt{(x_1-y_1)^2+(x_2-y_2)^2+\cdots+(x_n-y_n)^2}=\sqrt{\sum_{i=1}^{n}(x_i-y_i)^2} \tag{2-19}$$

式中：$L(x,y)$为点 $x(x_1,x_2,\cdots,x_n)$到点 $y(y_1,y_2,\cdots,y_n)$之间的欧式距离。

通过计算点 P 到 I_2 影像上所有特征点的距离，最终找到点 P 到 I_2 影像上最近邻点 Q_1 和次近邻点 Q_2，并计算其欧氏距离分别为 L_1 和 L_2，其最近邻比率计算公式见式（2－20）：

$$m=L_1/L_2 \tag{2-20}$$

式中：m 为最近邻距离与次近邻的比值，若小于预先设置的阈值，则认为该对匹配点对是有效的特征匹配点对，否则，则为是无效的特征匹配点对。这种匹配方式，对于一幅影像中的任意一个特征点，均需计算到另一幅影像全部特征点之间的欧式距离。

2.1.2.3 异常匹配点对剔除

对于特征匹配点对中存在异常值的现象（见图 2－12 中加粗白线所示），需要使用异常值剔除算法，对特征匹配点对进行异常匹配点对剔除操作。然后，使用剩余正确特征匹配点对计算影

图 2－12　特征匹配点对

像变换模型，完成影像正确配准。这种方法使计算获得的影像变换模型具有较强的鲁棒性。

常用的特征匹配点对剔除方法有随机抽样一致算法（Random Sampling Consensus，RANSAC）和渐进一致采样算法（Progressive Sampling Consensus，PROSAC）。

1. RANSAC 方法

RANSAC 是现如今使用最多的剔除特征匹配点对的方法。该算法的原理是对于包含“内部点”和“外部点”的点集中，随机迭代抽取 4 对样本计算最佳模型变换矩阵。依据所求变换矩阵，计算待配准影像变换后的像素点坐标。

RANSAC 方法是从大量样本中随机抽取样本，抽取的样本中既有有效的特征匹配点对，也有异常的特征匹配点对，样本抽取的不确定性导致计算机需要进行大量的迭代计算，以保证增大抽取的 4 对样本均为有效的特征匹配点对的概率，获得正确匹配的变换矩阵。计算过程主要分为以下三步：

(1) 将影像匹配的所有匹配点对，作为总数据集 U，从 U 中随机抽取 4 对特征匹配点对，计算该次数据的变换模型 H。

(2) 以变换模型 H 为基准，对数据集中其余数据进行实验，若模型误差小于阈值，就认为该变换模型 H 为正确变换模型；若不满足要求，则重新计算变换模型。

(3) 当迭代次数达到预先设置的最大迭代次数，迭代计算的变换模型一直无法满足要求，则认为算法无法找到正确变换模型，实验失败。

RANSAC 对所有的特征匹配点对，随机抽取一定数量的特征匹配点对，计算影像变换模型。挑选有效样本具有偶然性，存在迭代次数较多、计算量较大的问题，仍需要进一步改进。

2. PROSAC 方法

PROSAC 作为一种改进算法，其计算影像变换模型获得最优解，并不是按照相同优先级，随机挑选特征匹配点对，而是先对所有特征匹配点对进行排序，然后抽取质量较高的特征匹配点对，迭代计算变换模型。该算法被证实，速度和鲁棒性均高于传统方法，计算过程主要分为以下三步：

(1) 根据特征匹配点对的相关性，从高到低进行降序排列，从高质量匹配点集中挑选 4 对特征匹配点对计算变换模型 H。

(2) 以变换模型 H 为基准，计算其他特征匹配点对的误差，若满足模型误差要求，则认为变换模型 H 为正确的变换矩阵；若不满足误差要求，则循环重新挑选特征匹配点对进行迭代处理计算。

(3) 当迭代次数达到预先设置的最大迭代次数，迭代计算的变换模型一直无法满足要求，则认为算法无法找到正确变换模型，实验失败。

PROSAC 算法是先对所有特征匹配点对进行排序，然后在质量较好的点集中，随机挑选特征匹配点对，并完成变换模型的计算，其线性拟合实验如图 2-13 所示。

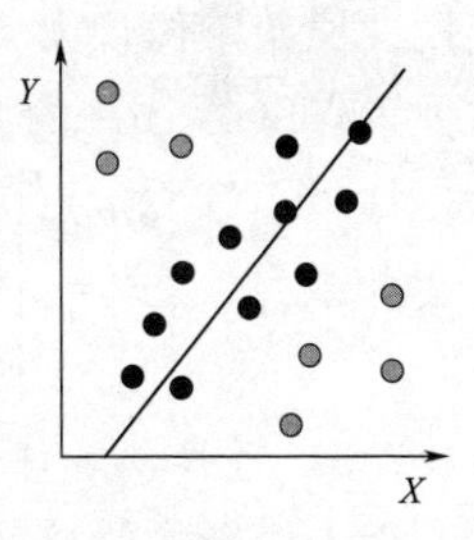

图 2-13　PROSAC 用于线性拟合

2.1.2.4　影像变换模型

对影像进行配准变换，至关重要的就是找到影像变换模型，将待配准影像按照变换模型，映射到基准影像的空间坐标系中，实现配准。常用的模型有刚体变换、仿射变换、投影变换。

(1) 刚体变换。刚体变换是指变换前后两个点距离不发生变换，仅发生平移、旋转等变换，保持原始影像中长度、角度、形状、基本结构不变的变换，原始影像像素点 (x, y) 变换到另一幅影像中的像素点 (u, v)，其变换公式见式 (2-21)：

$$\begin{bmatrix} u \\ v \\ 1 \end{bmatrix} = \begin{bmatrix} \cos\phi & \pm\sin\phi & t_x \\ \sin\phi & \pm\cos\phi & t_y \\ 0 & 0 & 1 \end{bmatrix} \begin{bmatrix} x \\ y \\ 1 \end{bmatrix} \tag{2-21}$$

式中：ϕ 为旋转角度；$[t_x, t_y]^T$ 为平移量。

(2) 仿射变换。仿射变换是指影像中的直线在经过该变换后仍为直线，仅对影像进行旋转、平移、镜像等变换，仿射变换后直线保持不变。原始影像像素点（x,y）经过仿射变换到另一幅影像中的像素点（u,v）的变换公式见式（2－22）：

$$\begin{bmatrix} u \\ v \\ 1 \end{bmatrix} = \begin{bmatrix} a_1 & a_2 & t_x \\ a_3 & a_4 & t_y \\ a_5 & a_6 & 1 \end{bmatrix} \begin{bmatrix} x \\ y \\ 1 \end{bmatrix} = M \begin{bmatrix} x \\ y \\ 1 \end{bmatrix} \tag{2-22}$$

式中：M 中的 $[t_x, t_y]^T$ 为影像中的平移量；M 中的 $a_i(i=1, 2,3,4)$为影像旋转、缩放的变换参数。

（3）投影变换。投影变换是指两点之间的直线经过变换仍是直线，但是直线变换前后的平行性不保持，则说明该变换是投影变换。原始影像像素点（x，y）经过仿射变换到另一幅影像中的像素点（u，v）的变换公式见式（2－23）：

$$\begin{bmatrix} u \\ v \\ 1 \end{bmatrix} = \begin{bmatrix} h_{11} & h_{12} & h_{13} \\ h_{21} & h_{22} & h_{23} \\ h_{31} & h_{32} & 1 \end{bmatrix} \begin{bmatrix} x \\ y \\ 1 \end{bmatrix} = H \begin{bmatrix} x \\ y \\ 1 \end{bmatrix} \tag{2-23}$$

2.1.2.5　拼接效果评价

无人机影像拼接效果可以从速度和精度两方面进行评价。具体评价指标如下：

（1）速度。对影像进行特征点提取实验，统计完成特征点检测和特征描述向量生成所运行的时间。

（2）精度。精度计算公式见式（2－24）：

$$R = q/Q \times 100\% \tag{2-24}$$

式中：Q 为 K 最近邻匹配的匹配点对个数；q 为剔除异常匹配点对后的正确匹配点对个数；R 为设定精度，R 的值越大，则说明正确匹配数量越多，特征匹配点对的匹配质量越好；R 的值越小，则特征匹配点对的匹配质量越差。

采用均方根误差（$RMSE$）表达影像配准后同名点位偏离程度，计算公式见式（2－25）：

$$RMSE = \sqrt{\frac{1}{N}\sum\left[(x_i - X_i)^2 + (y_i - Y_i)^2\right]} \tag{2-25}$$

式中：(x_i，y_i) 为基准影像上的控制点坐标；(X_i，Y_i) 为配准后影像上同名点的坐标。

当 *RMSE* 值大于一个像素，则说明配准精度达到像素级别；若值小于一个像素，则说明配准精度达到亚像素级别。

2.1.3 影像融合

因相邻影像间的亮度不同、影像配准误差等原因，导致影像间无法平滑过渡，拼接后影像存在明显的拼接缝（图 2-14 中白色框内所示），影响成图视觉效果。

图 2-14 影像拼接缝现象

因此，研究引入影像融合技术，对影像拼接缝进行处理，满足应用需求。影像融合分为像素级融合、特征级融合、决策级融合，共三个级别。

（1）像素级影像融合。像素级影像融合原理容易理解，其依据配准后各自匹配的影像像素点为基准，进行对应像素点一一像素级别处理融合。该方法是以像素为研究基础，精度较高，影像融合后细节质量较高。该方法常用的算法有平均融合法、拉普拉斯金字塔融合方法等。平均融合法，是指直接对重叠区影像间的像素点取平均值，作为融合后影像的像素值。拉普拉斯金字塔融合方法，是通过对两幅影像分别进行降尺度采样，降尺度采样后的每一幅影像均为上一层影像的 1/4，对两幅影像金字塔中的同一层均采用加权融合方法进行影像融合，得到每层融合后的影像融合金字塔，在使用金字塔构建的逆运算便可以得到融合后的影像。

（2）特征级影像融合。特征级影像融合原理较为复杂，是先对影像进行处理，提取影像中的点、线等特征并计算其特征向量，最后将这些特征的特征向量进行分析，使同一类型的特征进行对应，最后使用统计等方法进行特征向量的融合处理，融合的精度与特征提取的准确性有关。

（3）决策级影像融合。决策级影像融合直接面向实际应用，有针对性地根据实际问题，提取每幅影像中的特征并进行分类操作，设定最优决策规则，将提取的特征信息进行分析，从而实现决策级别的融合，提高后续影像分类、解译的精度。该方法的计算效率是最高的，但融合后的影像精度最低，获取的影像较为模糊，实现技术要求较高。

2.2　无人机遥感分类数据预处理

在获得原始数据后需要首先对其进行预处理。数据预处理就是数据可直接用于训练前必须进行的操作。传统的图像预处理一般都是滤波旋转或者灰度化等方法处理后，才能进行后续的影像分割及特征提取等操作。但由于深度神经网络可以挖掘并分析图像内部的深层特征，滤波等操作对提升精度的意义不大，所以不需要对图像进行浅层特征的改变。本节训练所需数据集的预处理分为两部，先选取一些的图片作为样本进行裁剪，改变图像大小，然后再进行人工条件下的语义分割，制作 FCN 语义数据集，以实现后续分类的训练过程。

2.2.1　图像裁剪

通常处理遥感影像，由于波段数较多，要用相应的遥感软件如 ENVI 等进行处理。裁剪后要逐一进行导出，操作相对来说繁琐耗时。由于高分辨率无人机影像只包含 RGB 三波段，所以可以用其他的图片处理软件进行裁剪。研究采取了一种方便快捷的处理方法，使用 Adobe 公司的 Photoshop CC 2019 软件对图像进行裁剪。Photoshop 软件自带一个名为切片工具的模块，可以手动选取固定大小的图片区域，然后用 web 格式导出工具将选定的图片进行导出，具体操作如下。

首先需要挑选出一些清晰度较高的图片作为原始图片导入 Photoshop 内。导入后选择侧边栏的切片工具（见图 2－15），设置固定切片大小，这里设置为 500×500 大小。设置好后回到图像，此时，鼠标指针变成笔状，然后选择好包含水域的区域，点击鼠标左键，便可以在指针右下方形成一个切片，效果如图 2－16 所示。在生成切片时，尽量选择一些边界清晰的位置作为裁剪区域，方便后续绘制标签文件。切片与切片不可重叠，也不要选择靠近图片右侧和底侧边界的位置生成切片，否则切片大小会发生变化，不再是 500×500。

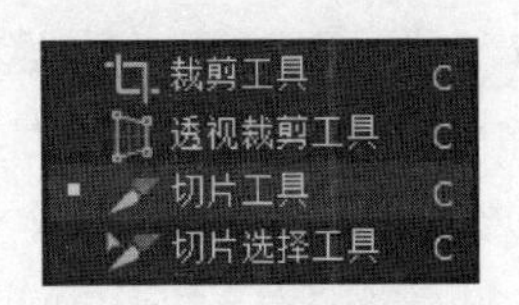

图 2－15　切片工具

在图中选择好一定数量的切片后，可将切片批量导出。在菜

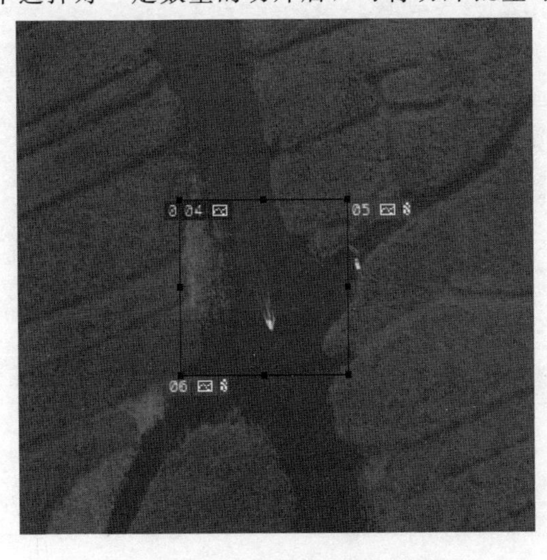

图 2－16　制作好的切片

单栏文件选项下面选择存储为 Web 所用格式进行导出，存储时选择所有用户切片，便可以将裁剪好的图片导出。最后再建立一个 bat 脚本，可用 ren 函数将文件名统一。这里使用 bat 脚本对裁剪好的图片从 1 开始以自然数形式重命名。这时就得到了一定数量的包含水域的训练数据原始图。

2.2.2　FCN 语义数据集的制作

得到训练需要的原始数据后，便可以开始制作 FCN 语义数据集。目前标注 FCN 数据集一般采用名为 LabelMe 标注工具。LabelMe 是一款专为 FCN 设计的强大的图像标注工具，可以将图像以像素形式标注出多个类别，但由于功能繁多，需要对制作好的标签进行分类标注，操作相对而言比较繁琐。考虑到本次训练中的数据集，标注时只需分为水体与非水体两类。而 MATLAB 自带 roipoly() 函数，可以绘制感兴趣区域，使用 for 循环，逐张读取图片，在 roipoly() 函数建立的窗口中对水体区域进行绘制，如图 2－17 所示。由于 FCN 中分类目标区域的色彩

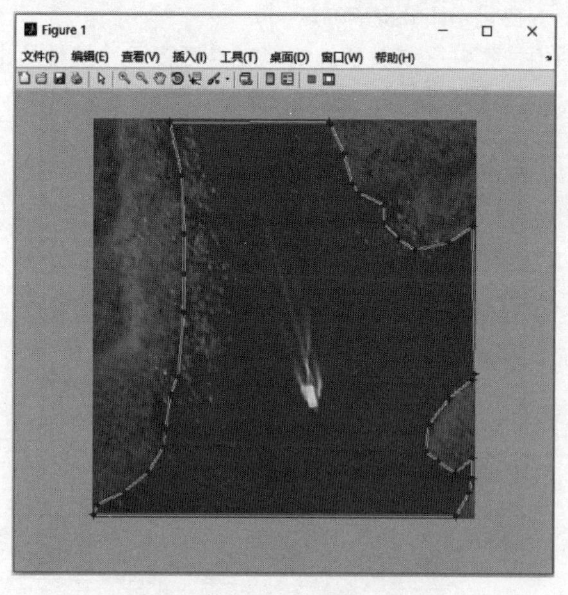

图 2－17　语义标签的绘制

应为黑色，而使用 roipoly() 函数标记好的区域为白色，绘制完成后还需使用 imcomplement() 函数将黑白区域反转，反转后使用 imwrite() 函数将图片以原始图像相同的文件名称导出，导出后效果如图 2-18 所示。循环结束后便绘制好了 FCN 语义数据集。

图 2-18　标注完成的语义数据

本研究中，共裁剪了 50 张作为原始图，对应制作了 50 张 FCN 语义数据集。随机选取其中的 40 张作为训练样本，剩下 10 张作为测试样本用于精度的计算与模型结果的分析。

2.3　全卷积神经网络模型

深度学习是一类基于机器学习的算法，通过多个功能层智能化处理复杂数据。CNN 是最受欢迎的人工智能深度学习算法之一。卷积神经网络（CNN）是一种前馈人工神经网络，其中各个神经元按它们响应视觉场中的重叠区域平铺。CNN 是一种生物学启发的变体，它的发明来源于动物视觉系统。动物视觉系统包含类似于“接收场”的复杂细胞排列，用于察觉低亮度区域和重叠视觉区域。从 Hubel 和 Wiesel 早期关于 1968 年猫视觉皮层的工作来看，视觉皮层包含复杂的神经元排列。这些神经元对视野的小部分被称为接收场的区域敏感。这些神经元为输入空间上的局部滤波器工作，非常适合利用自然图像呈现空间局部相关性。CNN 类似于此神经元排布网络，它也被构造出可训练的含权重的神经元。它从具有多个滤波矩阵的原始数据中提取不同的特征集，可在每个层中编码各种属性。

2.3.1　CNN 的基本结构与原理

CNN 中最初有两种基本层：卷积层和池化层。随着 CNN 的发展，增加了激活函数和损失函数，提高了 CNN 的性能。图 2－19 为 CNN 的整体结构。

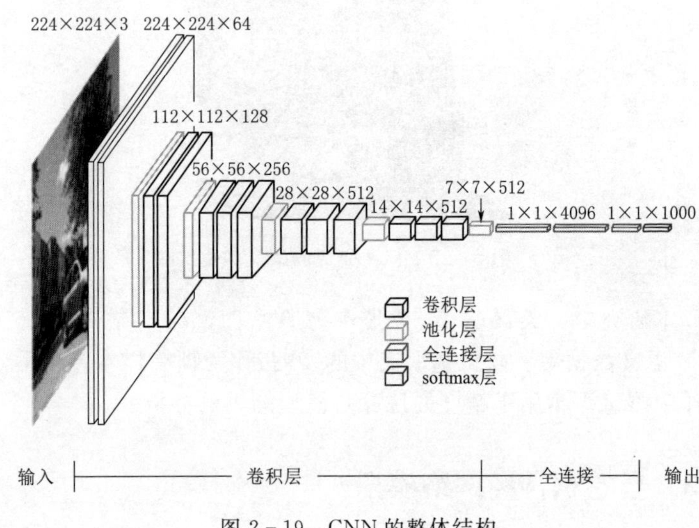

图 2－19　CNN 的整体结构

2.3.1.1　数据输入层

数据输入层主要是对数据进行预处理操作，包括去均值化、归一化、白化等。去均值化是指将图像的各维度都变为 0，简单来说就是将图像中心拉到原点。归一化是指将图像的幅度归一化到相同的区间，由此降低每个维度数值的区间范围不同对其造成的影响。白化是指对各个特征轴上面的幅度进行归一化处理。

2.3.1.2　卷积层

卷积层是 CNN 的核心结构，它将 CNN 与传统的人工神经网络相结合。为了避免学习数十亿个参数的情况，便引入了在小区域上使用卷积运算的想法。传统神经网络中的每个神经元都要和图片中的各个像素相连接，使最终运算参数巨大，网络训练变得异常繁琐。卷积网络的一个主要优点是卷积层中的权重共享，这意味着在相同的特征映射上使用相同的参数，相当于每个神经元只与图片中一部分像素相连。权重共享有助于减少所需的计算内存并提高计算机运算速度。图 2-20 显示了权重共享对参数减少的影响。通过减少可训练参数的数量，减轻了传统神经网络的资源过耗问题。

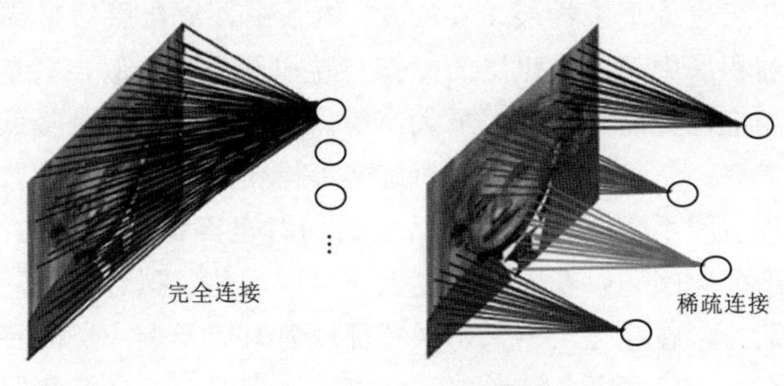

图 2-20　参数量减少

卷积层的参数由一组变化的滤波矩阵组成，这些矩阵不占空间。在前向传递期间，每个矩阵在规定的体积的宽度和高度上卷积，产生该矩阵的二维激活图。学习网络将由特定位置的输入的特定类型的特征激活的矩阵，这与传统特征设计算法中的卷积操作相同，都是从中提取基本特征。然后沿深度维度堆叠所有滤波矩阵的这些激活图形成完整的输出量。在权重共享的帮助下，卷积中学习滤波矩阵的数量增加，这使得能够从输入数据中提取更多信息。

以图 2-21 为例，假设图中每一小格为一像素，内部有填充的 3×3 网格即为一个卷积核。卷积核内每个单元都设有权值，即共有 9 个权值。将卷积核中的权重与图片上相对应的像素相乘，得到一个数值。卷积核以一像素作为步长单位重复进行上述

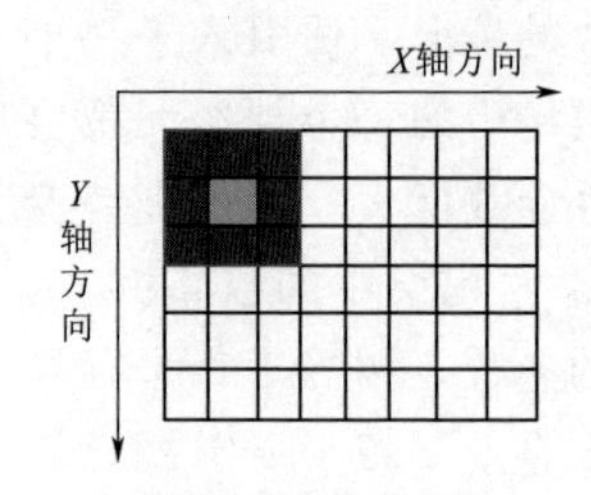

图 2-21　卷积操作

操作，每次向右移动一个像素，到边界后回到最左侧同时向下移动一个像素，最终输出一张新的经历过卷积操作的图。

在卷积层中，通过对整个图像的每个子区域中重复应用同一个函数，也就是说，通过使用卷积处理图像，可以获得图像更多的一些特征。

2.3.1.3　池化层

池化层也称下采样层。在 CNN 体系中，池化层通常周期性地插入卷积层中间。池化层的操作与卷积层基本类似，只是卷积核只取相应位置的平均值、最大值等。池化层的作用是降低特征图的分辨率，忽略目标由于倾斜旋转等操作造成的相对位置的变化，实现空间不变性。在提高精度的同时也降低了矩阵的维度，减轻过度配置问题，在一定程度上还可以避免过拟合，提高模型的泛化能力。在池化层中，每层特征映射对应于上一层的特征映射。如图 2-22 所示，一个 4×4 的矩阵，用于组合特征图的单位，从而可以在较大的局部区域上创建位置不变性。它沿每个方向以 2×2 的系数对上层数据进行采样。

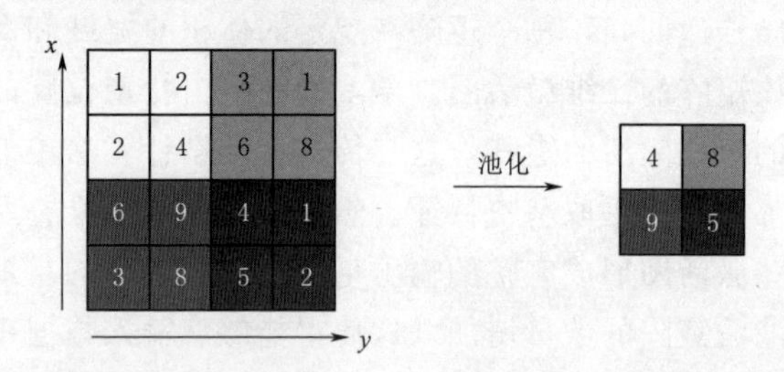

图 2-22　池化操作

CNN 中最常见的池化层，叫最大化池。最大化池的计算公式见式（2-26）：

$$a_j = \max\left[a_j^{n\times n} u(n,n)\right] \tag{2-26}$$

尽管最初的CNN架构中通常使用平均池，但最大化池在训练中一般能表现出更好的性能，并且在目前流行的CNN架构中得到了广泛应用。最大化池通过选择优良的不变量特性，提高了泛化性能，减少了可训练参数的数量，最小化了计算和计算时间，从而提高了训练效率，加快了收敛速度。

2.3.1.4 激活函数

在CNN中，激活函数是最重要的一部分。在处理线性可分的数据时，用简单的线性分类器即可解决分类的问题，但生活中常见的数据都是非线性的，想要处理他们只能用线性变换或者引入非线性函数的方法。激活函数可以使网络非线性化，通过非线性建模增强对输入数据的理解。假如未引入激活函数，该网络只能表达线性的映射关系，即无论有多少隐藏层，其网络与单层神经网络也没有太大区别。除了非线性化外，激活函数还生成了一个消除了极值的特征图，增加了下一层网络的独立性，从而提高了整个网络的稳定性。

下面介绍CNN中最常用的几种激活函数。

1. sigmoid函数

sigmoid函数的图像形状接近于指数函数，在现实意义上最接近于生物的神经元。函数图像连续光滑，单调递增，关于(0，0.5)对称，见图2-23。由于它的导数又是其本身，运算时方便省时，是一个很不错的阈值函数，它的公式见式(2-27)：

$$S(x)=\frac{1}{1+e^{-x}} \tag{2-27}$$

如图2-23所示，任取一个实数，sigmoid函数都能将其压缩至0～1的范围，越小的数越接近0，越大的数越接近1。在x超过[-6，6]的范围之后，函数值的变化幅度极小。由于函数值域范围限制在(0，1)，又可与概率分布联系到一起。这个函数对于复杂数据的处理效果比较好，可以用来做二分类。

但它也有自己的缺点，最明显的就是饱和性。从图2-23可以清晰看出，函数的导数在整个数轴上的极大区域内都趋近于

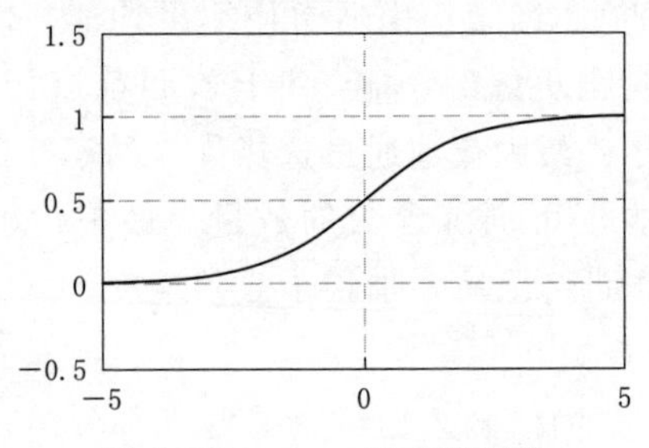

图 2-23　sigmoid 函数图像

0。两侧导数趋近于 0 的性质也称软饱和性，它导致深度神经网络的发展停滞，在几十年内一直难以形成有效的训练。在反向传播求算时，会造成梯度消失，sigmoid 网络通常在 5 层之后就会出现梯度消失的情况。

2. tanh 函数

tanh 函数也是一类常见的激活函数，函数图像如图 2-23 所示。与 sigmoid 有所不同的是其输出数值的平均值为 0，缩小迭代次数，收敛更快。它的公式见式（2-28）：

$$\tanh(x)=\frac{1-e^{-2x}}{1+e^{-2x}} \tag{2-28}$$

如图 2-24 所示，tanh 函数与 sigmoid 函数类似，都是以非线性方式将实数压缩至－1～1 之间。tanh 函数更适合处理特征相差比较明显的数据，在循环处理的过程中会不断扩大这些特征。但从图 2-24 中可以看出其仍具有软饱和性，会产生梯度消失的情况。

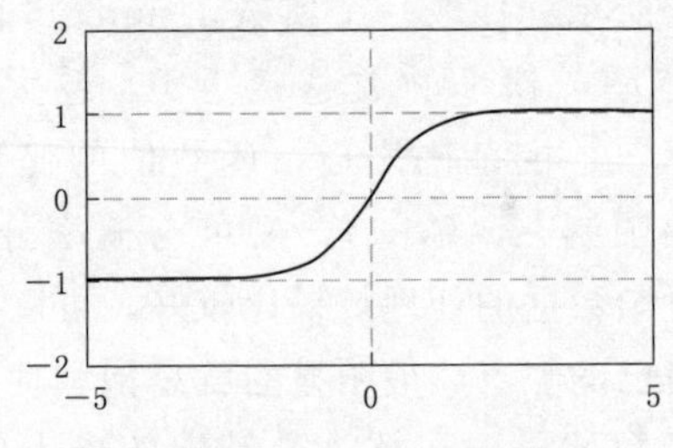

图 2-24　tanh 函数图像

3. ReLU 函数

ReLU 函数是目前 CNN 中应用最广泛的激活函数，它的函数图像如图 2-24 所示，它的表达式见式（2-29）：

$$f(x)=\max(0,x) \tag{2-29}$$

从图 2-25 中可以看出，当 $x<0$，ReLU 函数硬饱和，当 $x>0$，不存在饱和问题，其梯度不衰减，从而缓解梯度消失问题。ReLU 函数有两个主要优势：第一，与 sigmoid 函数和 tanh 函数等涉及复杂操作的指数函数相比，ReLU 可简单地将阈值设为零。因此，CNN 中使用 ReLU 函数作为激活函数进行训练比使用 sigmoid 函数和 tanh 函数训练快几倍。第二，ReLU 不受饱和度影响，更增强了对于 CNN 的优势，使其不需要大量的预处理。但 ReLU 函数也有一个缺陷，就是输入数据单元在训练过程中可能会落入硬饱和区，使对应权值不能更新而死亡。例如，ReLU 会不可逆地死亡，在训练期间不会激活任何数据。因为如果学习速率设置得太高，它将被数据处理至消失。不过如果能正确设置学习率，这种情况一般不会发生。为了解决这个缺陷，最近出现了一大类改良的 ReLU 函数，如 Leaky ReLU 函数。当 $x<0$ 时，函数值不是零，Leaky ReLU 函数会有一个很小的斜率，如图 2-26 所示，因此表达式可以更新为式（2-30）：

$$f(x)=\begin{cases}x & x\geqslant 0\\ \alpha x & x<0\end{cases} \tag{2-30}$$

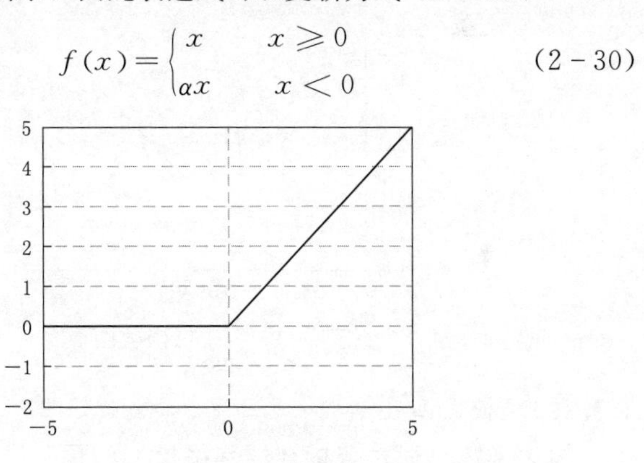

图 2-25　ReLU 函数图像

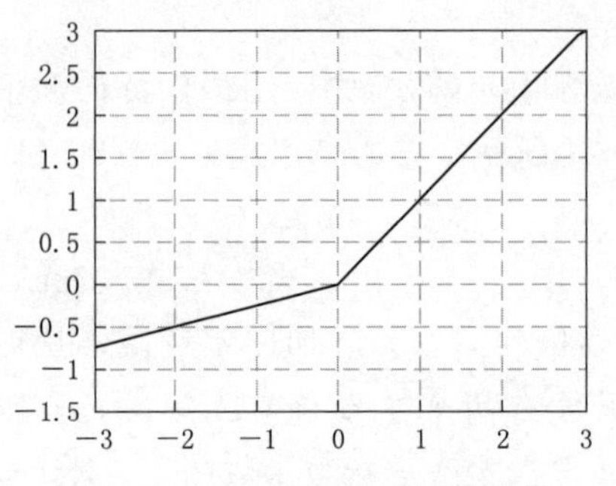

图 2 - 26　Leaky ReLU 函数图像

4. ELU 函数

ELU 函数融合了 ReLU 函数和 sigmoid 函数共同的特点。右侧没有饱和性，可以缓解梯度消失的情况；左侧有软饱和性，使输入数据的鲁棒性更好，ELU 函数图像见图 2 - 26。ELU 函数的公式见式（2 - 31）：

$$f=\begin{cases} x & x \geqslant 0 \\ \alpha(e^{x}-1) & x<0 \end{cases} \tag{2-31}$$

如图 2 - 27 所示，ELU 函数的输出数据平均值几乎为 0，故收敛速度也很快。

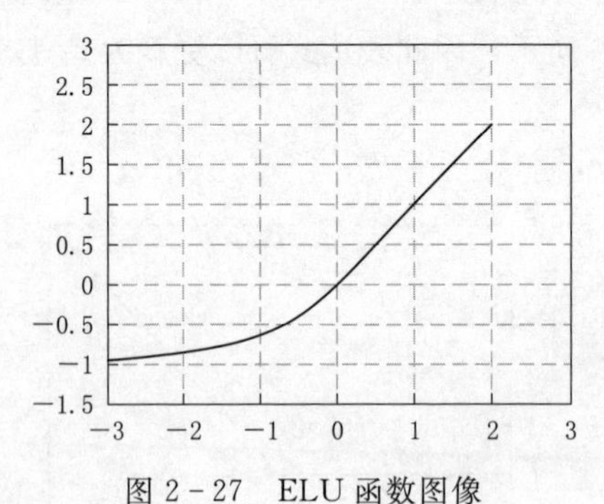

图 2 - 27　ELU 函数图像

2.3.1.5　损失函数

损失函数是通过分析神经网络模型的预测结果，判断其与实际真实值之间的差异的一个函数。具体做法就是将实际问题中变量的值映射到非负实数，以表示该变量的“损失值”的函数。在CNN中，对于不同的目标经常选用不同的损失函数。常用的损失函数有以下几类。

(1) 欧式距离损失函数见式 (2-32)：

$$L=\frac{1}{2N}\sum_{i=1}^{N}\|\hat{d}_i-d_i\|_2^2 \tag{2-32}$$

(2) softmax 损失函数见式 (2-33)：

$$L=-\sum_j y_j \log p_j \tag{2-33}$$

(3) 绝对值损失函数见式 (2-34)：

$$L[Y,f(x)]=|Y-f(x)| \tag{2-34}$$

2.3.1.6 全连接层

全连接层可以理解为一种特殊的卷积层，主要功能是形成强连接的特征。它是一个将前一层中的所有神经元连接到它所拥有的每个神经元的卷积层，这意味着没有权重共享，所以一般全连接层的参数也是最多的，如图 2-28 所示。

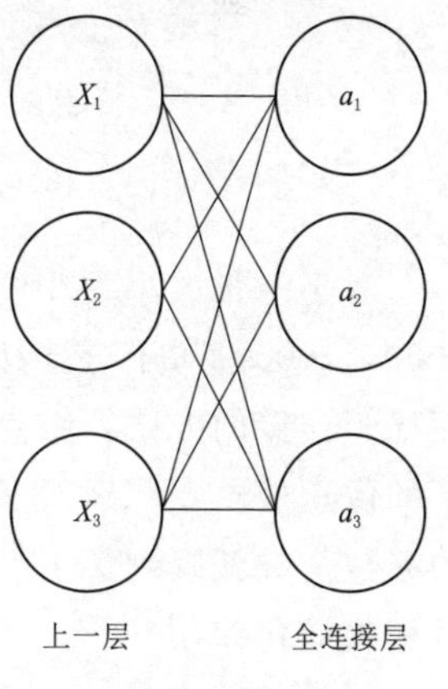

图 2-28 全连接层的连接结构

全连接层也有缺陷，它会使图像的空间结构发生改变。于是人们便开始尝试用卷积层替代全连接层，其中每个卷积核的大小设为 1×1，发展到后期便形成了 FCN 网络。

2.3.2 CNN 的特点

在深度学习领域中，CNN 是其中一种专门为二维数据结构设计而成的神经网络结构模型，它与其他的神经网络模型有两点主要区别。

1. 稀疏连接

我们每个人认识这个世界都是从部分到整体慢慢进行的，对空间的感知也是如此，彼此相连的局部像素之间相关性较强。稀疏连接即模拟人的大脑视觉皮层的接收区域，通过简单细胞简易处理局部基本信息，用复杂细胞来实现全局空间不变的特性，识别图像的高级信息。CNN 就是通过加强相邻层的局部联系，以此探索其空间中的关系，各神经元只需要感知图像中的局部区域，再将各神经元的卷积运算结果进行整合，便可得到图像的全局特征。

稀疏连接实现的方式如图 2-29 所示。

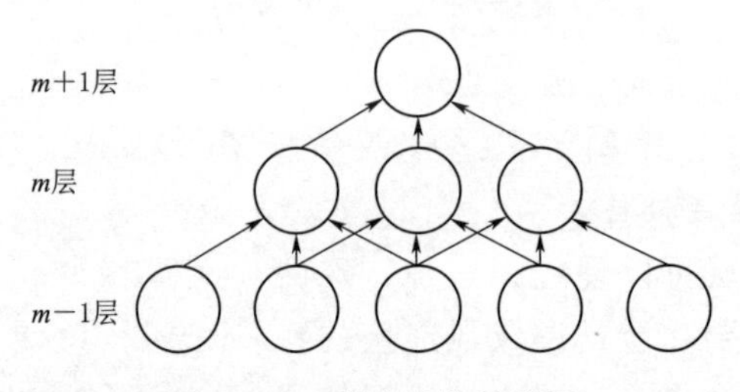

图 2-29　稀疏连接示意图

对于一张大小为 1000×1000 像素的图片，生成特征图也是 1000×1000，对于全连接的情况，则需要训练万亿个权值参数。而稀疏连接的方式，结点只需要与一块卷积核大小矩阵相连接，新的像素值由卷积运算得到。如果局部感受也为 10，需要训练的参数个数就降到了上亿个，少了上万倍。可见稀疏连接对运算过程的简化作用。

2. 权值共享

权值共享指的是一个卷积核对整个图像进行卷积运算，得到特征图，此过程中卷积核的参数，即权值不发生改变。对于图像等二维数据，由于局部区域的值彼此紧密联系，可以很容易检测到图像内局部区域的特征。又因为对于图像而言，局部特征与具体位置并不强相关，某特征会处于图像中任意位置，所以可以彼此共享权值。

权值共享的实现方式如图 2-30 所示。

前面提到，1000×1000 像素大小的图片通过稀疏连接后，

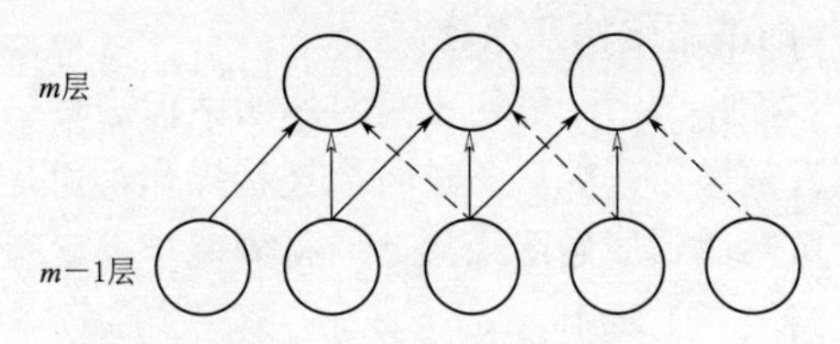

图 2-30 权值共享示意图

所需求解的上亿个参数，仍是个很庞大的数字。在权值共享时，图片的所有区域都使用相同的卷积核参数，由此所需训练的参数数量又大幅度减少，在一定程度上也减少了对样本的需求度。

2.4 FCN 网络模型

CNN 网络可以对图像进行分类，但对于图像中的某一像素而言，想要判断它到底属于什么物体或者说哪一类别，在 FCN 发明前还是一个世界性难题。那么，为什么 CNN 不适合做基于像素级的图像分类呢?

首先，如果通过滑动图像窗口的方式对图像进行像素级的判别，对存储的开销很大，所占用的资源随滑块的大小和次数大幅度增加。另外，对于相邻的像素而言，所经历的图像滑块窗口差距很小，采用逐个像素计算的方式会有很大程度上的数据重复。此外，通常像素块的大小远远小于图片尺寸，只能从中提取一些很局部的信息，对整体的感知力不强，最后分类的效果也不会很好。2015 年，Jonathan Long 发表了一篇名为《Fully Convolutional Networks for Semantic Segmentation》的文章，才使像素级的语义分割开始飞速发展。

FCN 是以 CNN 为基础，经过修改后而形成的深度卷积神经网络。FCN 的训练过程相比于传统的以局部区域为特征的语义分割而言，更简单高效，处理前期不需要进行区域搜索，处理后期也不需要区域合并。

2.4.1　FCN 的基本结构及原理

与 CNN 类似，FCN 最初也是对原始图像进行一系列卷积和池化操作，只是操作完成后不进行全连接操作，而是进行反卷积操作，将图像还原到原始图像尺寸，得到基于像素级语义分割的结果图，如图 2－31 所示。

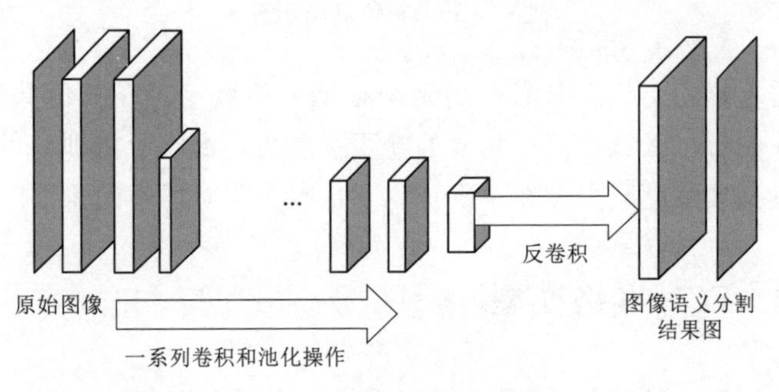

图 2－31　FCN 的基本结构

1. 全卷积层

在 CNN 网络中，为了输出概率值，在卷积层的后面会连接若干全连接层，将卷积层产生的二维数据映射为固定长度的一维向量，从而丢失了空间信息，经过训练最后得到一个标量，即为分类标签。而在 FCN 网络中，这些全连接层被统一转换为 1×1 卷积核对应相同向量长度的全卷积层，使这几层也进行卷积操作。这样整个模型不再存在向量，全是卷积层，所以被称为全卷积神经网络。全连接层转化为全卷积层的理解方式举例说明如下。

假设紧接全卷积层的前一个卷积层输出为 7×7×512，该全卷积层为 1×1×4096，修正的全卷积层就是卷积核为前面的卷积层的特征大小所进行的卷积计算，结果即为每个结点对应全卷积层输出的一个数值。以卷积的方式运算，即该全卷积层每组滤波器含 512 个 7×7 大小的卷积核，4096 组滤波器的输出为 1×1×4096。假设在该全卷积层后面再添加一个 1×1×1000 的全连接层，则其每组滤波器含 1000 个 1×1 大小的卷积核，1000 组滤波器输出为1×1×1000。

从表面上看，卷积操作好像和全连接操作并无太大区别，但卷积和全连接是两个完全不一样的概念，卷积操作的权值和偏置值有自己固定的范围，全卷积层的神经元只与前一层输出数据的部分相连。此外，如果想让卷积操作在一张较大的图片上运行，得到大量数据，全连接层几次才可以完成的操作，对于卷积层来说只需要进行单次前向传播运算，两者运算输出数据效果没有过大差异，卷积操作却大大减轻了运算负担。

2. 上采样

上采样又称作反卷积或转置卷积。CNN 网络模型中的下采样层，即池化层，都是缩小输入特征图的尺寸，比如 VGGNet-16 网络中进行 5 次池化后，图片大小相比之前小了 32 倍。而在基于像素级的语义分割中，最终得到的图片要和原始图片尺寸大小保持一致，所以在卷积操作之后还要进行反卷积操作，即上采样。

如图 2-32 所示，卷积是一对多操作，而反卷积是多对一操作。想要实现反卷积的操作，只需要将卷积的前向传播和后向传播对换，运算过程中将卷积核转置（这也就是为什么它又称为转置卷积）。

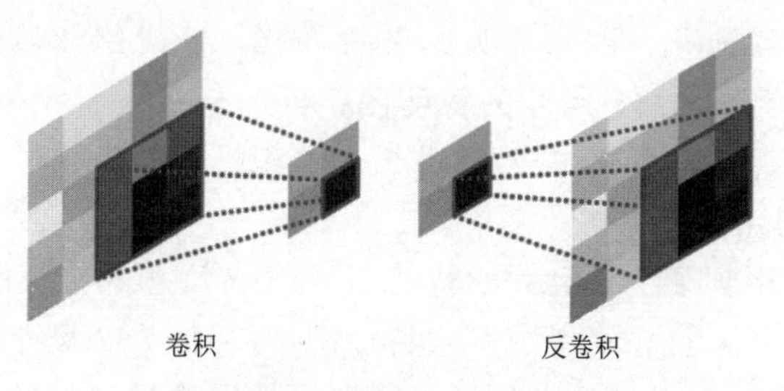

图 2-32　卷积与反卷积

FCN 中的上采样其实就是双线性插值（bilinear filtering）。优点是不用进行学习，运行速度快，使用便捷。处理过程中会将特征图放大，然后用 crop 层剪掉多余的区域，使其尺寸增大。

3. 跳跃结构

经过前两步操作后就可以实现语义分割了，但是如果直接用全卷积后缩小 32 倍的图像反卷积恢复到初始图像的尺寸，得到的结果十分粗糙，所以 FCN 引入了逐层进行迭代融合的方法。简单来说，就是将池化后的结果和上采样的结果融合，以优化输出。

如图 2－33 所示，迭代融合分为 3 种，即 FCN－32s、FCN－16s 和 FCN－8s，下面展开说明跳跃结构的原理及过程。

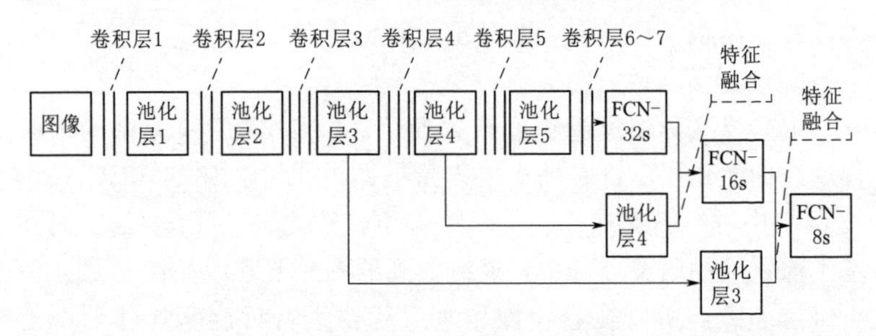

图 2－33　FCN 的跳跃结构示意图

图 2－33 中第一行，输入原始图像，先对其进行一次卷积一次池化，图像变为原来的 1/2；再进行一次卷积一次池化，图像变为原来的 1/4；再进行一次卷积一次池化，图像变为原来的 1/8，此时保留第 3 次池化后得到 1/8 尺寸的特征图；再进行一次卷积一次池化，图像变为原来的 1/16，此时继续保留第 4 次池化后得到的 1/16 尺寸的特征图；再进行一次卷积一次池化，图像变为原来的 1/32，然后进行全卷积操作，得到尺寸为原图 1/32 的热图。

现在得到了 1/8 尺寸的特征图、1/16 尺寸的特征图和 1/32 尺寸的热图。首先不考虑两张特征图，仅对 1/32 尺寸的热图进行步长为 32 的上采样，便可以得到原始图像尺寸的结果图，即为图 2－33 中第一行末尾的 FCN－32s 网络结果图。但由于 FCN－32s 网络最后一步的上采样操作只包含 1/32 尺寸热图的卷积核中的特征，丢失掉部分浅层的其他特征，例如位置信息等，对于某些图像分类精度不高。所以弥补的做法便是向前迭代，把丢失的特征图加回来，完成跳跃融合。

所以具体做法是先对 1/32 尺寸的热图进行步长等于 2 的上采样，再加上第四次池化后得到的 1/16 尺寸的特征图，对上一次上采样得到的结果进行补充，进行一次步长为 16 的上采样，即可得到和原图相同尺寸的结果图，这就是图 2-33 中第二行的 FCN-16s。

如果利用 1/16 尺寸的特征图对上采样结果进行补充后，再进行步长为 2 的上采样，然后再加上第三次池化后得到的 1/8 尺寸的特征图对上采样结果继续进行补充，再进行步长为 8 的上采样得到最终的成果图，这就是图 2-33 中第三行的 FCN-8s。

使用前两次池化后的特征图，用同样的方法也可以有 FCN-4s 和 FCN-2s，但超过 FCN-8s，最终结果并不会继续优化。

2.4.2 FCN 的特点

FCN 基于 CNN，可以直接利用现在发展成型的很多 CNN 模型的超强的学习能力，只需要在末尾修改为上采样，参数的学习依旧利用 CNN 的反向传播原理。但 FCN 又在一部分层面与 CNN 有所不同。CNN 的识别是基于图像级，从图像到概率，而 FCN 的识别是像素级，对输入图像的每个像素都进行分析判别，最后输出每个像素的类别，即这个像素最可能属于什么物体。

相比于 CNN，FCN 有很多优势之处，具体如下：

(1) 由于没有全连接层的存在，FCN 可以接受任何输入大小的图像。只需要在最后上采样时按原图比例进行还原，便可输出一张与原图尺寸相同的预测图。

(2) 计算过程更加高效快速，消除了使用相邻区域而带来的相似数据重复计算而造成资源的浪费。

但其依旧存在一些不足：

(1) 尽管进行三次迭代融合，得到的最终结果依然比较平滑模糊不够精细，对图中的很多细节部分不够敏感。

(2) 对各像素逐个进行分类，忽视了常用的基于像素的图像分类方法中所通用的空间规则步骤，没有考虑到像素与像素之间的关系，使最终预测结果缺乏空间一致性。

第3章 无人机遥感影像快速拼接方法

无人机影像拼接应着重考虑拼接的速度和精度。本章提出利用并行加速技术提高特征点提取速度，以实现无人机影像的快速拼接。利用深度学习获取特征点深层次特征，与利用SURF算法获取的浅层次特征相融合，提高特征点匹配精度，进而实现无人机影像的精确拼接。

3.1 实验数据

实验数据为鄱阳湖流域洪涝灾害后的无人机遥感影像数据。鄱阳湖位于江西省，是我国最大的淡水湖。鄱阳湖地区地形较为平坦，每当洪水季节来临时，长时间、高强度下雨极易造成洪涝灾害，在洪涝灾害发生后，及时获取灾情信息就显得尤为重要。

2016年6月24日，采用固定翼无人机搭载索尼ILCE-7R型号相机执行作业，设置飞行高度为120m，航向重叠度为80%，旁向重叠度为60%，获取鄱阳湖区域无人机航测数据集。影像分辨率为7360×4912，影像格式是"JPG"，成像方式有正射摄影与倾斜摄影两种方式。航测数据集影像拍摄清晰，主要包括河流、树木、建筑物、农田、道路等主要地物。原始无人机影像如图3-1所示。

(a) 第一组左影像

(b) 第一组右影像

图3-1（一） 原始无人机影像

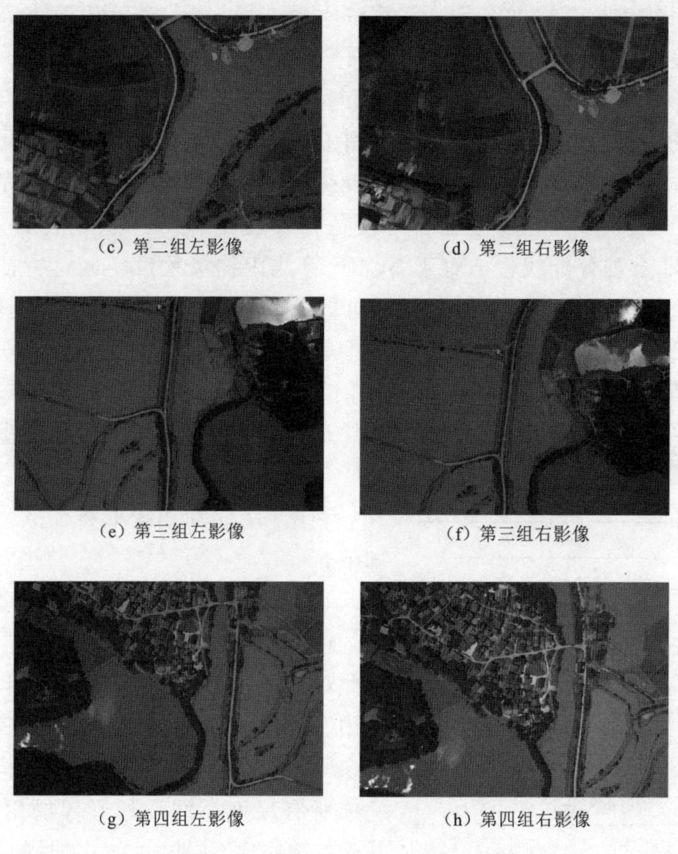

(c) 第二组左影像　(d) 第二组右影像

(e) 第三组左影像　(f) 第三组右影像

(g) 第四组左影像　(h) 第四组右影像

图 3-1（二） 原始无人机影像

3.2 特征点提取

SURF 算法在继承 SIFT 算法优势的基础之上，又解决了 SIFT 算法运算速度较慢的缺陷，更为高效的实现特征点检测的计算过程，因此研究采用 SURF 算法为本章实验的基准算法。

SURF 算法虽然比 SIFT 算法计算效率高，但无人机影像分辨率较高，对整幅影像进行处理，提取特征点数量较多，运行时间仍然较长。通过对SURF算法原理进行分析，发现其存在高度重复性步骤，对其进行加速，则整体运算速度会有较大提升。

本章引入GPU进行SURF算法并行加速，以提高特征点提取的运行效率。SURF算法的并行加速由CPU和GPU共同完成，CPU完成整个SURF算法的逻辑控制和分析程序，并完成核函数启动前的数据准备、设备初始化工作等一些串行计算；GPU合理分配线程，对于SURF算法中构造尺度空间、特征点检测、特征主方向计算、特征向量计算等步骤，存在高度并行性的部分进行并行加速。最后，将GPU并行加速SURF算法获得的特征点及特征向量下载到CPU中。CPU和GPU相互结合，共同提高高分辨率无人机影像的处理效率，其GPU加速的SURF算法过程示意图如图3-2所示。

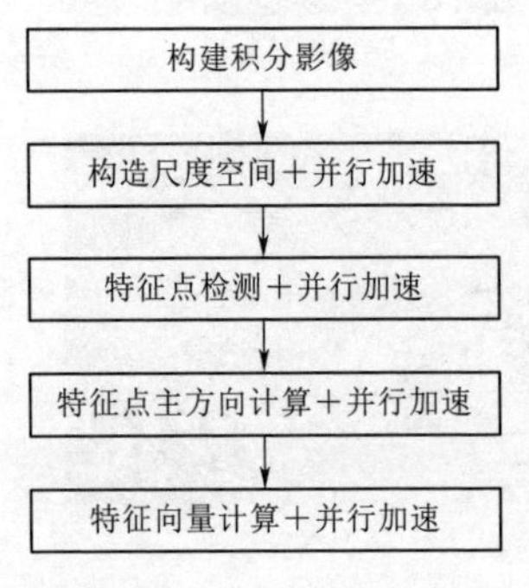

图3-2　SURF算法过程

利用GPU加速提取特征点情况如下：

(1) 使用GPU加速构建尺度空间。各个尺度空间的构建无先后顺序，因此对于每一个尺度空间构建时，均调用一个GPU并行核进行处理，完成Hessian矩阵判别式的计算过程，同时完成所有尺度空间目标影像的生成，达到快速构建不同尺度空间的目的。

(2) 使用GPU加速特征点检测过程。在SURF算法中，为判断出该点是否为极值点，需将每个待检测特征点与该点周围26个点进行数值比较，串行计算需要比较26次，而在该过程中开启26个线程分别同时进行特征点数值比较，则可以极大提高特征点的检测速度。

(3) 使用GPU加速完成特征点主方向计算。在SURF算法中，通过统计特征点周围6σ圆形邻域区间内各个像素点的小波特征值，完成特征点主方向计算。依据该邻域范围内像素点个数，通过GPU调用同等数量线程分别同时进行计算，最终获取特征点主方向。

（4）使用GPU加速特征点的特征向量计算。SURF算法通过计算小波特征，完成特征向量的计算。然而，调用GPU分批次完成特征点的特征向量计算，即可以完成一定数量特征点同时计算特征向量，该加速方法可以有效节约整体的运算速度。

3.3 特征点匹配

3.3.1 匹配特征构建

特征点的匹配特征构建是进行特征点匹配的关键。采用深度学习获取特征点深层次特征，与SURF算法提取的浅层次特征相融合，构建特征点的匹配特征，进行后续特征点匹配，以提高特征点匹配的精度。

（1）深度学习模型的选取。常用的深度学习卷积神经网络框架有AlexNet、VGG、GoogLeNet等。其中，VGG在目标检测、语音识别、情感识别、语义分割等领域中取得不错的效果。因此，采用VGG卷积神经网络进行实验研究。VGG共有19层网络，16层卷积层和3层全连接层，卷积核的尺寸为3×3，池化层采用尺寸为2×2的最大池化，第一层全连接层和第二层全连接层均有4096个节点，第三层全连接层有1000个节点（见表3-1）。

表3-1　　VGG网络参数

A	A-LRN	B	C	D	E
11 weight layers	11 weight layers	13 weight layers	16 weight layers	16 weight layers	19 weight layers
input (224 x 224)					
Conv3-64	Conv3-64	Conv3-64	Conv3-64	Conv3-64	Conv3-64
	LRN	Conv3-64	Conv3-64	Conv3-64	Conv3-64
maxpool					
Conv3-128	Conv3-128	Conv3-128	Conv3-128	Conv3-128	Conv3-128
		Conv3-128	Conv3-128	Conv3-128	Conv3-128

续表

A	A-LRN	B	C	D	E
maxpool					
Conv3-256	Conv3-256	Conv3-256	Conv3-256	Conv3-256	Conv3-256
Conv3-256	Conv3-256	Conv3-256	Conv3-256	Conv3-256	Conv3-256
			Conv1-256	Conv3-256	Conv3-256
					Conv3-256
maxpool					
Conv3-512	Conv3-512	Conv3-512	Conv3-512	Conv3-512	Conv3-512
Conv3-512	Conv3-512	Conv3-512	Conv3-512	Conv3-512	Conv3-512
			Conv1-512	Conv3-512	Conv3-512
					Conv3-512
maxpool					
Conv3-512	Conv3-512	Conv3-512	Conv3-512	Conv3-512	Conv3-512
Conv3-512	Conv3-512	Conv3-512	Conv3-512	Conv3-512	Conv3-512
			Conv1-512	Conv3-512	Conv3-512
					Conv3-512
maxpool					
FC-4096					
FC-4096					
FC-4096					
Soft-max					

（2）样本集制作。利用鄱阳湖流域无人机影像航拍数据集，从已经配准的无人机影像中，选取匹配后的500组特征匹配点对，即样本的类别数为500。以特征点坐标为中心，周围64×64像素尺寸进行裁剪，后续输入预训练的VGG神经网络中进行模型微调。为了解决模型过拟合问题，并对鄱阳湖流域影像进行数据增强处理。对鄱阳湖流域影像进行随机缩放、旋转、翻转、亮度、对比度变换，获取一系列变换后的影像（见图3-3），并对变换后影像以像素中心点为准，裁剪64×64的影像保存。最终

保留 1000000 张样本集（见图 3－4）。

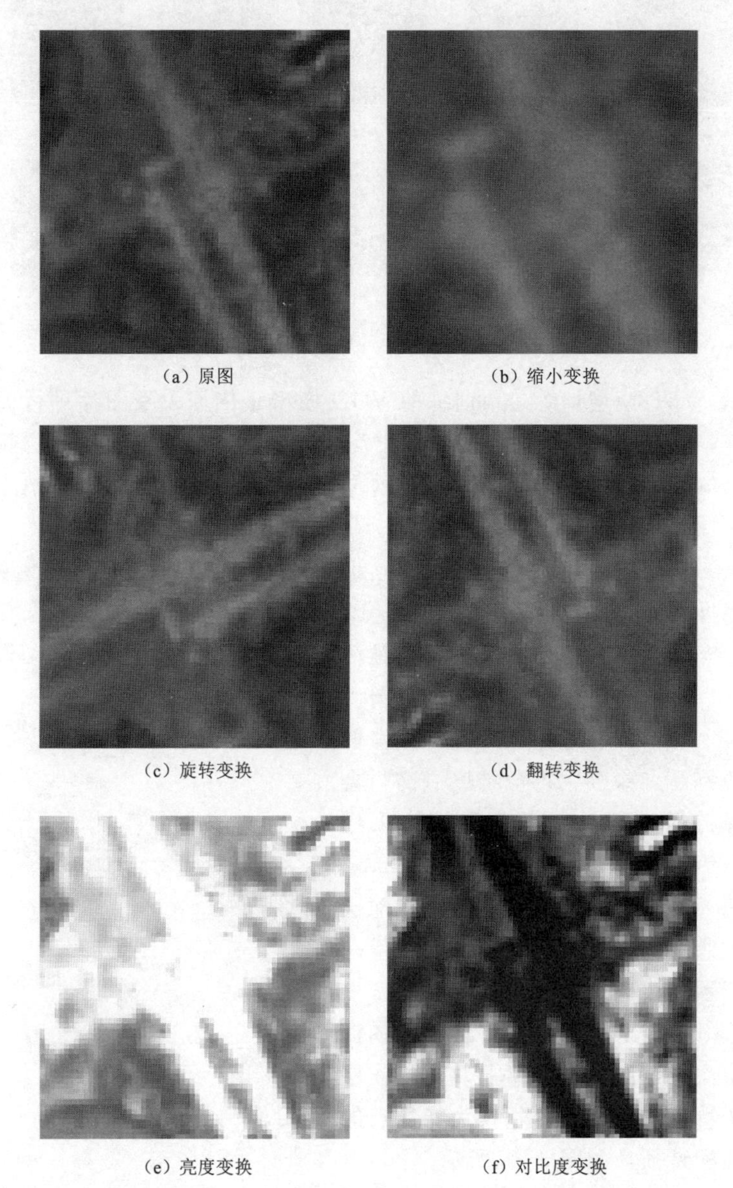

（a）原图　（b）缩小变换

（c）旋转变换　（d）翻转变换

（e）亮度变换　（f）对比度变换

图 3－3 数据增强

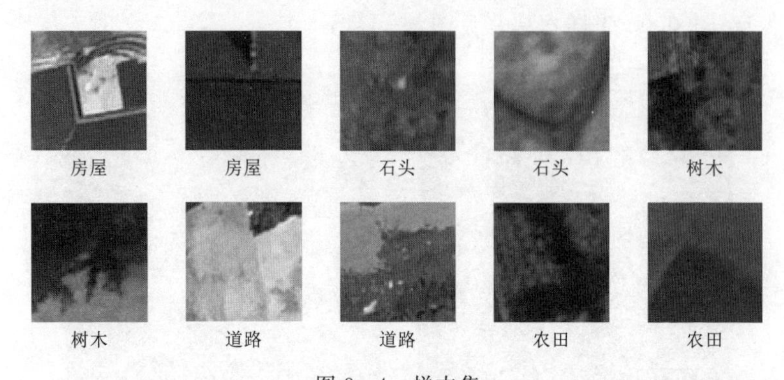

图3-4 样本集

（3）模型训练。预训练的VGG模型是依据大量图片进行训练，其模型训练精度较高。对于需要提取特征的场景，仅需要简单的模型微调便可以应用到实际的场景中。因此本节使用鄱阳湖流域样本集对VGG模型进行微调。

模型学习率设置为0.001，训练批次大小设置为128，采用Softmax交叉熵损失函数和Relu激活函数进行训练。

（4）降维处理。用VGG提取的特征点深层次特征维度过高，会降低后续算法的执行效率。采用PCA（Principle Component Analysis）主成分分析法实现特征点深层次特征的降维处理，如图3-5所示。

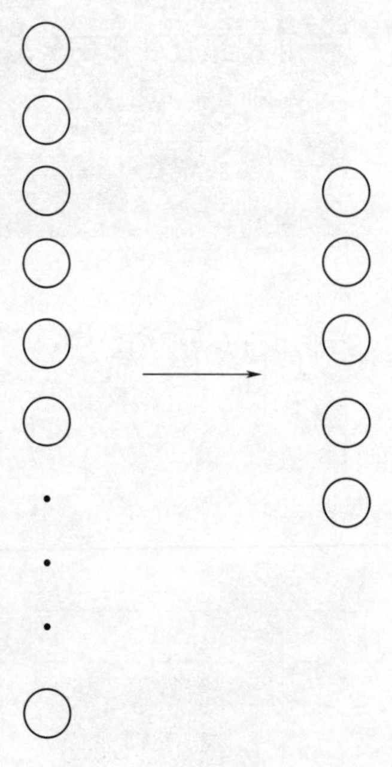

图3-5 PCA降维示意图

（5）特征融合。将特征点的深层次特征向量与SURF算法的浅层次特征向量相融合，作为特征点的匹配特征，如图3-6所示。

SURF算法计算出特征向量为

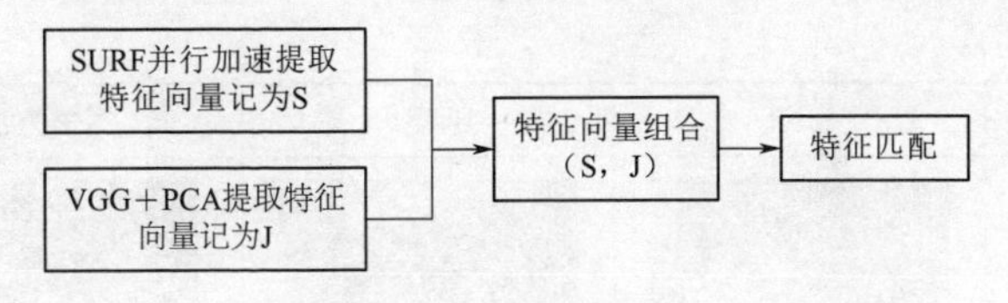

图 3-6　实验流程图

64 维，记作 $S(S_1,S_2,\cdots,S_{64})$，而 VGG 第一层卷积神经网络提取出来的特征向量经过 PCA 降维为 64 维，并将其进行归一化处理，记为 J（J_1，J_2，…，J_{64}）。融合后的特征向量为 128 维，如式（3-1）所示：

$$\overline{S}=\frac{(S_1,S_2,\cdots,S_{64},J_1,J_2,\cdots,J_{64})}{\sqrt{\sum_{m=1}^{64}S_m^2+\sum_{n=1}^{64}J_n^2}} \tag{3-1}$$

3.3.2　匹配点对生成

对构建的特征点匹配特征，采用 K 最近邻算法生成匹配点对。使用 K 最近邻匹配的方法对于一幅影像中的任意一点，均计算该点到另一幅影像中所有特征点之间的欧氏距离大小，距离越小，则认为其越相似。

取 K 值为 2，对于影像中的任意一点，均从另一幅影像中找到与之欧式距离较小的最近邻点和次近邻点。设定阈值为 0.7，当最近邻点与次近邻点之间的比值小于 0.7 时，则认为该点与最近邻点是有效的匹配点对；否则，则认为是无效的匹配点对。

对 SIFT、SURF 和本书方法，设置最近邻点与次近邻点之间的阈值为 0.7，表 3-2 为不同方法特征点匹配图，可以看出特征匹配点对均匀分布在影像重叠区域。

表 3-2　不同方法特征点匹配图

实验组数	SIFT	SURF	本书方法
一			

续表

实验组数	SIFT	SURF	本书方法
二			
三			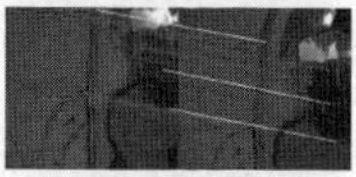
四	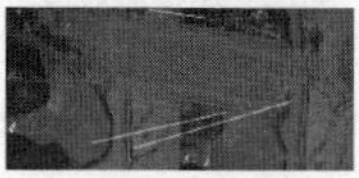		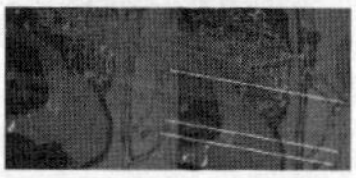

注　图中白色加粗线表示异常匹配点对。

3.4　异常匹配点对剔除

采用 PROSAC 算法进行异常匹配点对剔除。使用本书方法生成的特征匹配点影像见表 3-2，采用 PROSAC 算法剔除异常匹配点对后的影像见表 3-3，剔除异常匹配点对后，剩余的特征匹配点对即认为是正确特征匹配点对，正确特征匹配点对仍然均匀分布在影像重叠区域。由表 3-2 和表 3-3 中可以看出白色加粗线段经 PROSAC 算法处理后，均被剔除。

表 3-3　　不同方法正确特征点匹配图

实验组数	SIFT	SURF	本书方法
一			
二			
三			

续表

实验组数	SIFT	SURF	本书方法
四			

3.5　影像变换模型计算

采用仿射变换模型进行实验。将保留的正确匹配点对，依据其坐标等信息，使用仿射变换模型，计算出待配准影像的变换矩阵。保留的正确特征匹配点对，在影像重叠区域内均匀分布，依据正确特征匹配点对计算的影像变换模型，依据变换模型即可完成待配准影像的变换操作。不同方法影像配准图见表 3-4。

表 3-4　不同方法影像配准图

实验组数	SIFT	SURF	本书方法
一			
二	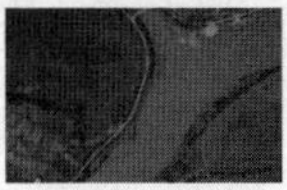		
三			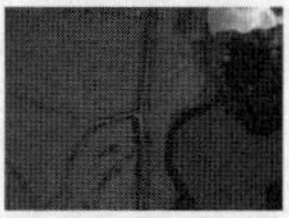
四	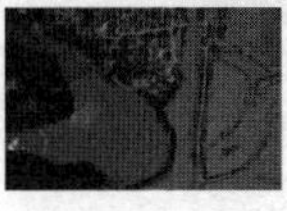		

3.6　拼接效果

3.6.1　特征点提取速度

针对经典特征提取 SURF 算法，本节使用鄱阳湖流域航拍数据集对算法进行对比分析，实验所使用的影像分辨率均为 7360×4912。使用 GPU 加速的 SURF 算法完成特征点的提取，部分结果如图 3-7 所示。

（a）第一组左影像

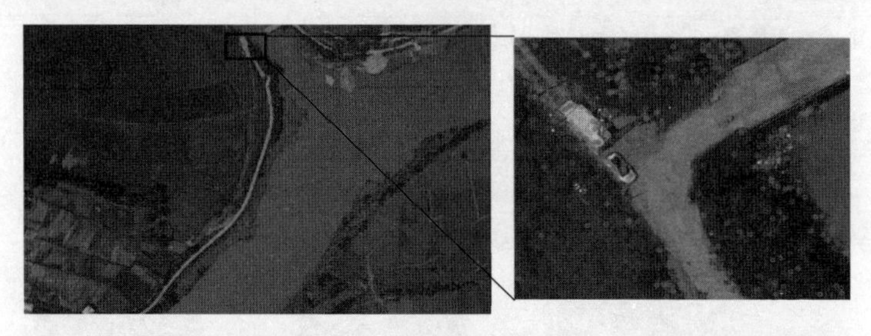

（b）第二组左影像

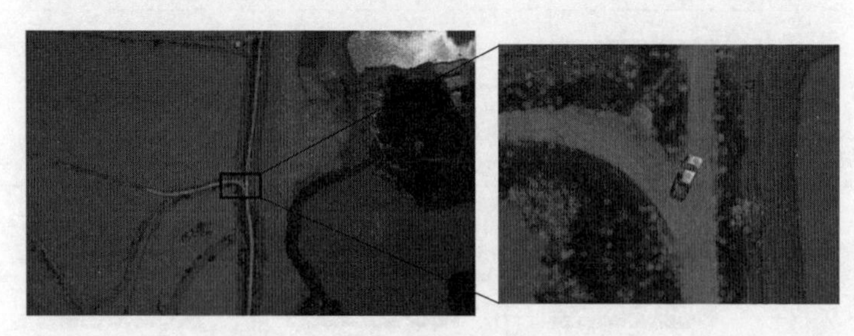

（c）第三组左影像

图 3-7（一）　GPU 加速 SURF 算法特征提取结果

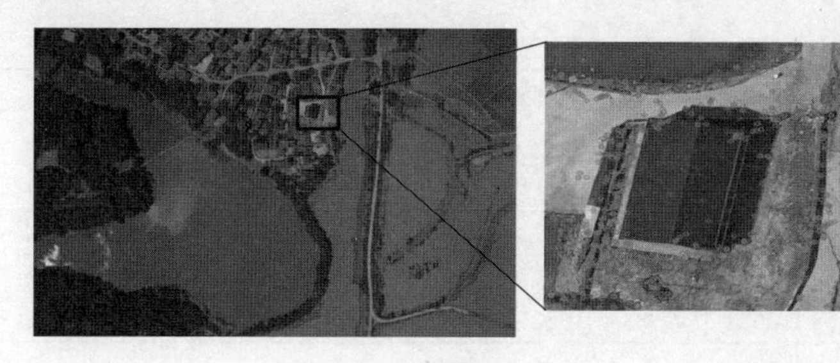

(d) 第四组左影像

图 3-7(二) GPU 加速 SURF 算法特征提取结果

使用本书 GPU 加速的 SURF 算法和传统 SURF 算法的特征点提取对比见表 3-5。

表 3-5 本书方法和传统 SURF 算法特征点提取对比

实验组数	特征点数量/个		运行时间/ms	
	SURF	本书方法	SURF	本书方法
第一组左影像	58460	58464	23149.7	1330.4
第二组左影像	25903	25907	14110.3	922.2
第三组左影像	28345	28345	13851.7	929.7
第四组左影像	51164	51166	19954.9	1202.1

从表 3-5 中可以看出，对于 4 张影像数据，本书方法与传统 SURF 算法提取特征点的数量相差不多，但速度整体提高了约 16 倍。因此，本书方法在满足传统 SURF 算法准确提取特征点的基础上，能使计算速度达到毫秒级别。对比传统 SURF 算法，更能满足实际应急救援时效性的需求。

3.6.2 精度

本书方法与传统 SIFT、SURF 算法匹配 R 精度见表 3-6。

表 3-6 本书方法与传统 SIFT、SURF 算法匹配 R 精度

实验组数	匹配点对 Q/个			异常匹配点对剔除后匹配点对 q/个			$R(=q/Q\times100\%)$		
	SIFT	SURF	本书方法	SIFT	SURF	本书方法	SIFT	SURF	本书方法
一	5835	12540	3708	5109	10754	3541	87.6	85.8	95.5

续表

实验组数	匹配点对 Q/个			异常匹配点对剔除后匹配点对 q/个			$R(=q/Q\times100\%)$		
	SIFT	SURF	本书方法	SIFT	SURF	本书方法	SIFT	SURF	本书方法
二	2062	3084	749	1773	2744	708	86.0	89.0	94.5
三	2254	4438	1383	2098	4158	1336	93.1	93.7	96.6
四	7655	8088	1983	7237	7143	1921	94.5	88.3	96.9

由表3-6可以看出，对比SIFT算法和SURF算法，使用本书方法匹配R精度整体分别提高了约6%和7%。使用本书方法进行特征点匹配，匹配点对数量明显减少。这是因为本书方法提出使用特征点的深层次与浅层次融合特征进行特征点匹配，使参与匹配的点对标准升高，进而提高了匹配点对精度。本书方法以更少优质匹配点对计算影像变换模型，使影像拼接精度更高。同时，无人机影像分辨率较高，原始提取特征点个数较多，去除大量的特征匹配点对，也能提高后续处理的计算效率。

本书方法与传统SIFT、SURF算法同名点位偏离程度RMSE见表3-7。

表3-7　不同方法影像拼接后同名点位偏离程度对比　单位：像素

实验组数	SIFT算法	SURF算法	本书方法
一	1.08	1.15	0.37
二	0.89	1.21	0.41
三	1.12	0.98	0.33
四	0.83	1.08	0.36

由实验结果可知，本书方法的同名点位偏离程度在0.4个像素左右，达到亚像素级别匹配；而SIFT算法和SURF算法同名点位偏离程度均在1像素左右，达到像素级别匹配。由此可知，本书方法的同名点位偏离程度最低，SIFT与SURF算法拼接后的同名点位偏离程度相差不大，均高于本书方法，因此证明本书算法具有较高的实际应用价值。

3.7 影像融合

两幅影像使用本书研究算法拼接之后，其影像拼接缝现象如图 3-8 所示。因相邻影像间存在亮度不同、影像配准误差等原因，导致影像间无法平滑过渡，存在明显拼接缝，仍需采用影像融合算法进行进一步处理优化，获得高质量的融合影像数据。

本书采用基于最佳缝合线的拉普拉斯金字塔融合方法进行影像融合。最佳缝合线是指：在重叠区域内，使用构造的能量函数找到能量值最小的点，连接即为最佳缝合线。能量函数公式见式(3-2)：

$$E(x,y)=E_c^2+E_g \tag{3-2}$$

式中：E_c 为指颜色差异；E_g 为指能量差异。

对图 3-8 中两幅影像先找到其最佳缝合线，然后再采用拉普拉斯金字塔融合方法进行处理，其融合后的影像如图 3-9 所

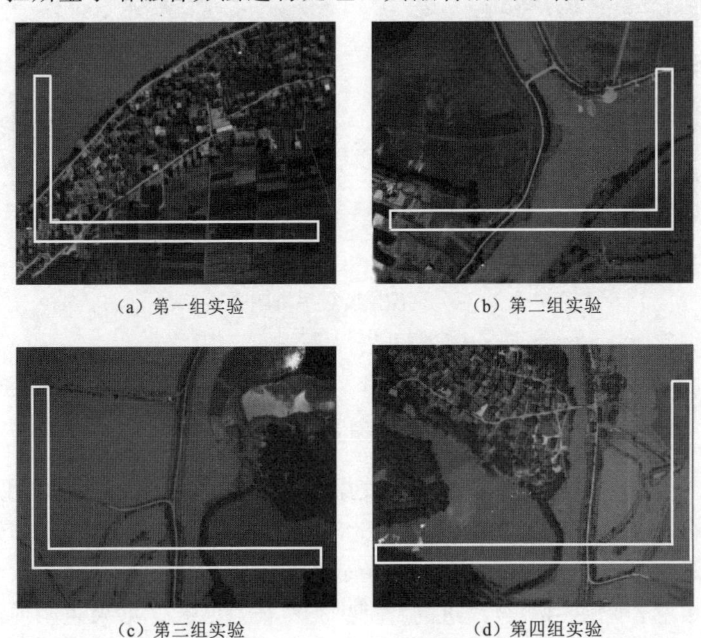

(a) 第一组实验　(b) 第二组实验

(c) 第三组实验　(d) 第四组实验

图 3-8　影像拼接缝现象

示。由图3-8和图3-9可知：未融合影像之间灰度不连续，存在明显拼接缝，而使用本书融合算法进行处理后，影像色彩一致，无明显拼接缝、无错位和鬼影的现象，融合影像结果较好，能真实反应实际地物信息。

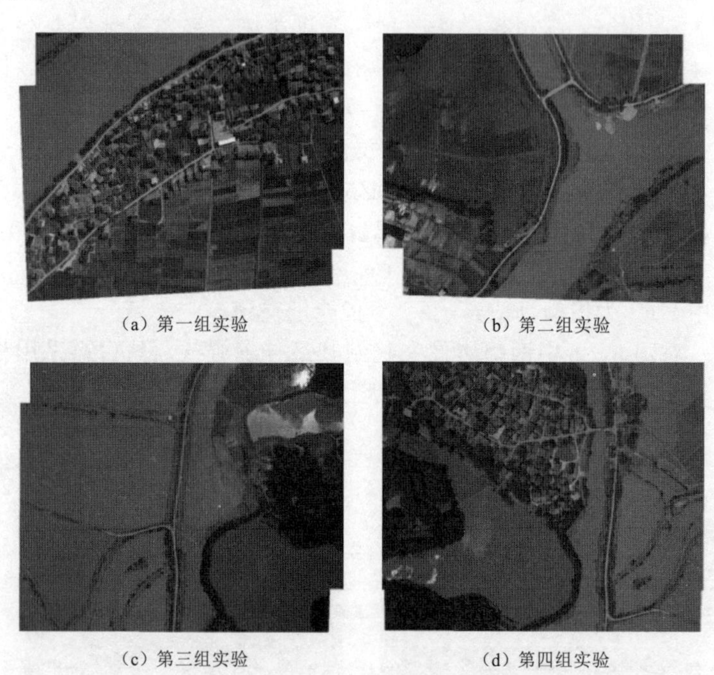

(a) 第一组实验　(b) 第二组实验

(c) 第三组实验　(d) 第四组实验

图3-9　拉普拉斯金字塔融合影像

3.8　本章小节

经过本章实验验证可知，使用SURF算法并行加速提取无人机影像特征点，运算速度比传统SURF算法提高16倍。本书采用深度学习提取特征点深层次特征和SURF算法提取的浅层次特征相融合，使用融合改进的特征进行特征点匹配，结果表明使用本书构建的特征，其精度比SIFT算法提高了约6%，比SURF

算法提高了约7%。该方式能够去除大量特征点，仅使用少量优质匹配点对进行模型配准，节约计算资源的消耗，最终本书方法的同名点位偏离程度为0.4个像素，达到亚像素级别匹配，证明本书方法具有实际应用价值。

第 4 章　无人机影像快速拼接方法实践

4.1　研究区与数据

研究区为威海东楮岛地区。威海位于山东省，地理位置为北纬 36°41′至 37°35′，东经 121°11′至 122°42′，是我国重要的海洋产业基地。其总面积为 5797km²，海岸线全长 985.9km，属于温带季风气候，四季分明，因其离海洋较近，在春秋季节易发生干旱现象，在夏季 7—9 月雨量增加，极易发生洪涝灾害。

2016 年 1 月 25 日，采用多旋翼无人机搭载佳能 G9 X 型号相机执行拍摄任务，设置分行高度为设置飞行高度为 360m，航向重叠度为 75%，旁向重叠度为 60%，获取威海东楮岛区域无人机航测数据集，影像分辨率为 5472 × 3648，影像格式是“JPG”。航测数据集影像拍摄清晰，包括建筑物、水体，道路等主要地物。原始无人机影像如图 4-1 所示。

(a) 第一组左影像

(b) 第一组右影像

(c) 第二组左影像

(d) 第二组右影像

图 4-1（一）　原始无人机影像

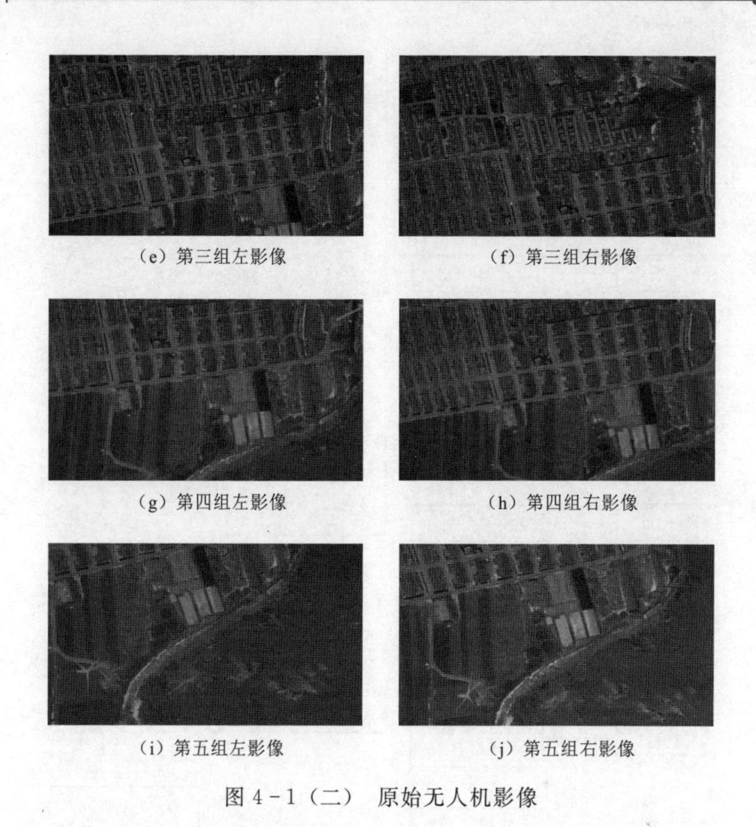

(e) 第三组左影像　　(f) 第三组右影像

(g) 第四组左影像　　(h) 第四组右影像

(i) 第五组左影像　　(j) 第五组右影像

图 4-1（二）　原始无人机影像

4.2　影像拼接技术路线

首先进行数据的预处理，在此处不再累述。先对两幅无人机影像进行影像预处理，然后将预处理后的影像使用并行加速的 SURF 算法完成特征点的提取，再使用 SURF 算法和深度学习方法共同完成本书方法特征构建，实现特征点匹配，然后计算出影像变换模型，完成影像配准，并依据本书评价指标进行精度评价，证明研究方法的有效性。技术路线如图 4-2 所示。

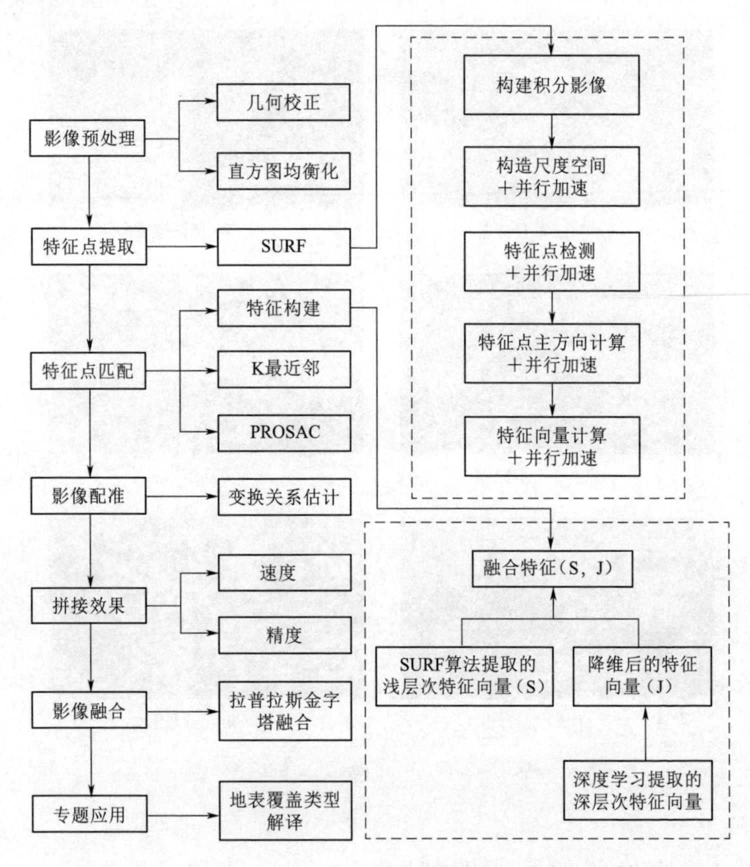

图 4－2　技术路线图

4.3　影像拼接实现

4.3.1　两幅影像拼接实验

东楮岛影像分辨率均为 5472×3648，对经过预处理操作后的两幅影像使用 GPU 加速的 SURF 算法完成特征点的提取，结果如图 4－3 所示。

图 4－4 为经过本书方法处理后的特征匹配点对。

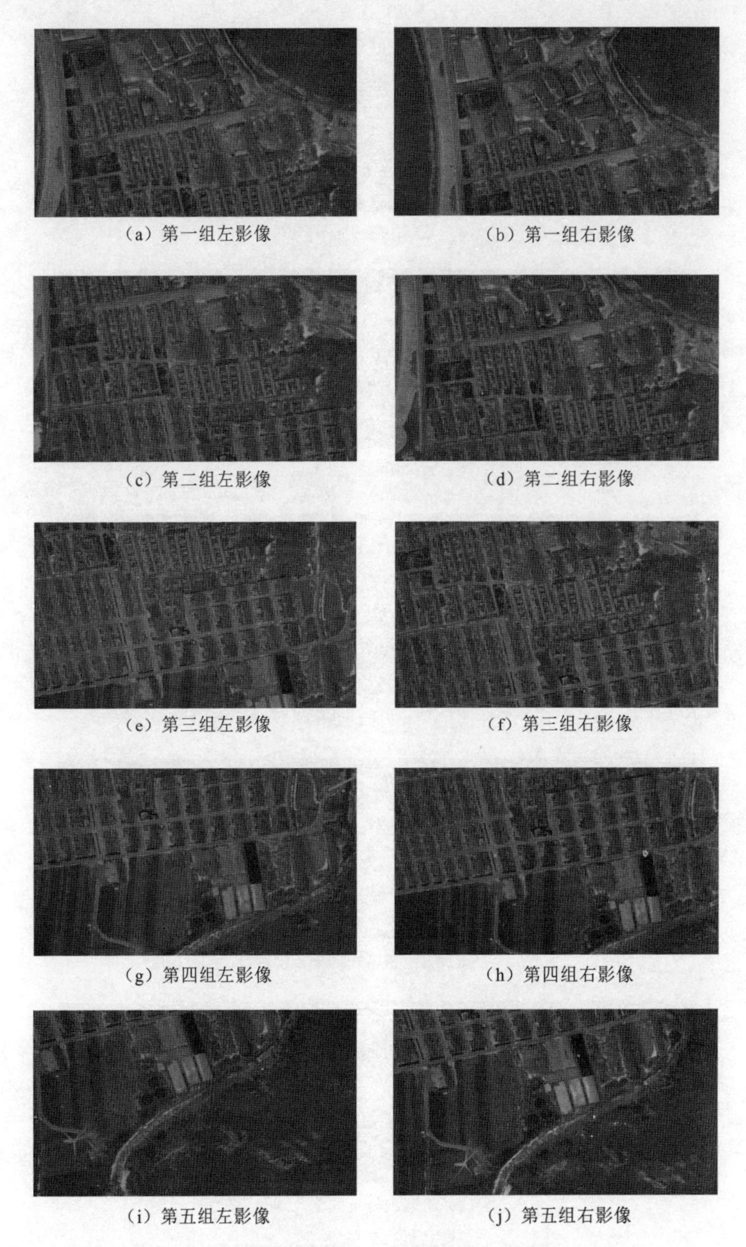

（a）第一组左影像　（b）第一组右影像

（c）第二组左影像　（d）第二组右影像

（e）第三组左影像　（f）第三组右影像

（g）第四组左影像　（h）第四组右影像

（i）第五组左影像　（j）第五组右影像

图 4-3　GPU 加速 SURF 算法特征点提取结果

（a）第一组特征匹配点对

（b）第二组特征匹配点对

（c）第三组特征匹配点对

（d）第四组特征匹配点对

（e）第五组特征匹配点对

图 4－4　本书方法的特征匹配点对

最终影像拼接存在拼接缝现象，如图 4-5 中（a）、（c）、（e）、（g）、（i）所示，依据最佳缝合线的拉普拉斯金字塔融合后的影像如图 4-5 中（b）、（d）、（f）、（h）、（j）所示。

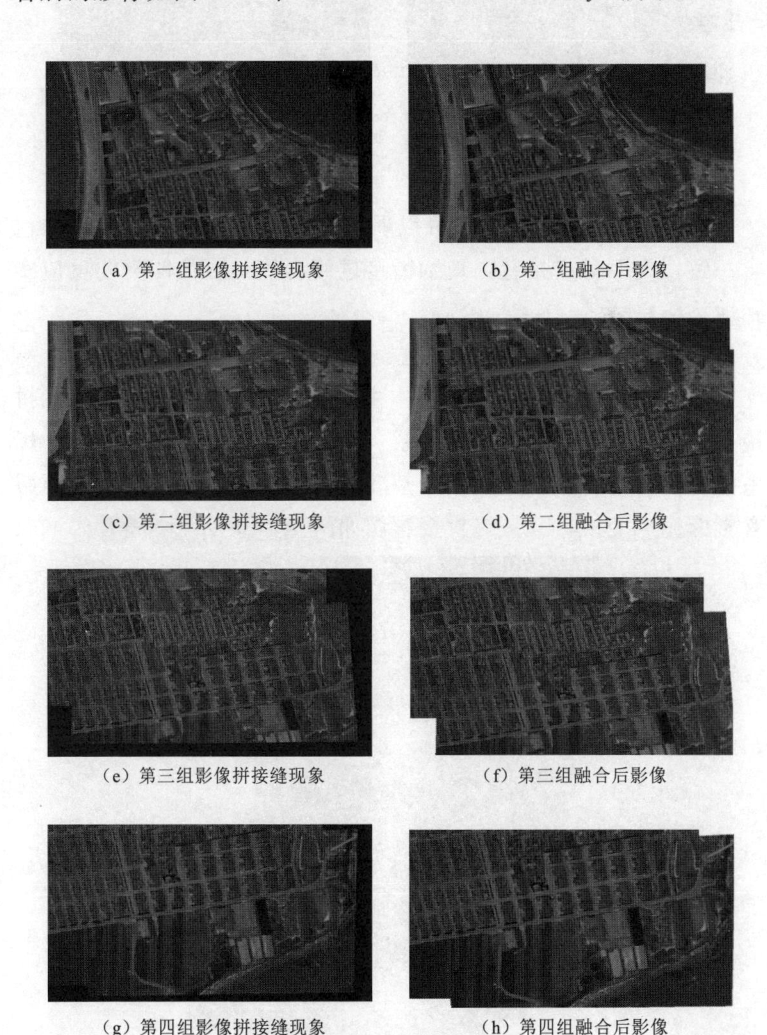

（a）第一组影像拼接缝现象　（b）第一组融合后影像

（c）第二组影像拼接缝现象　（d）第二组融合后影像

（e）第三组影像拼接缝现象　（f）第三组融合后影像

（g）第四组影像拼接缝现象　（h）第四组融合后影像

图 4-5（一）　拼接结果图

（i）第五组影像拼接缝现象

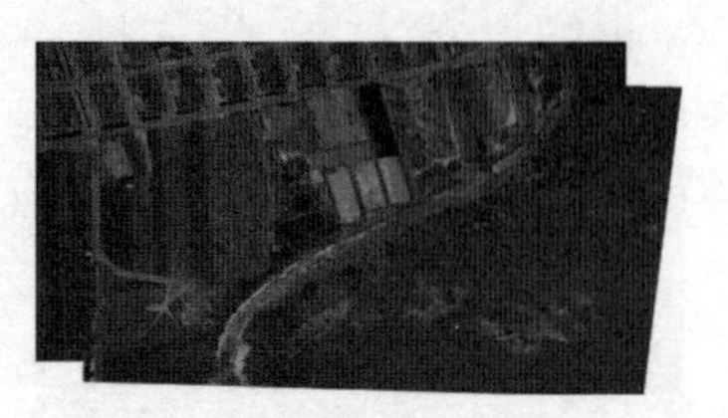

（j）第五组融合后影像

图 4-5（二）　拼接结果图

由图 4-5 中五组影像可以看出，本书算法最终拼接影像色彩一致，无明显拼接缝，地物衔接过渡自然，影像能真实反应实际地物信息。

4.3.2　多幅影像拼接实验

在多张影像拼接过程中，本书选定 10 张影像进行多影像拼接，以第一张影像为基准坐标系，将第二张影像变换到基准坐标系中，再将第三张影像变换到基准坐标系中，以此类推，直至所有影像完成变换，其最终拼接影像如图 4-6 所示。

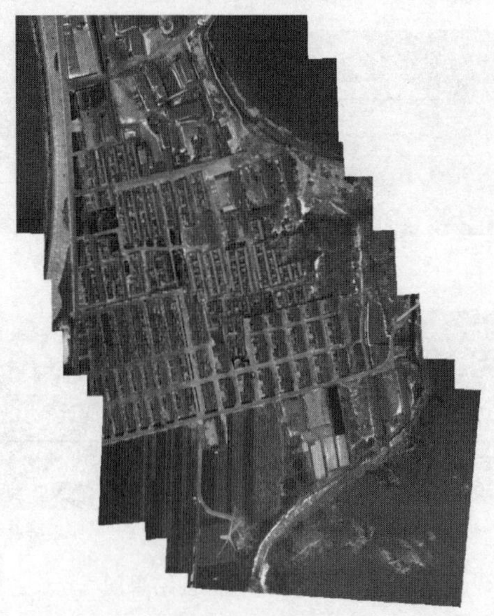

图 4-6　多影像拼接实验

由图 4-6 可以直观看出，本书的研究方法拼接影像成像视觉效果较好，影像中的河流、农田、房屋、道路等地物均清晰可见，地物衔接过渡自然，无明显拼接缝和影像错位现象，能满足后续专题信息提取的实际应用的需求。

4.4 本章小结

无人机影像快速拼接对促进无人机影像的推广应用具有重要意义。本章基于 SURF 算法和深度学习，对现有无人机影像拼接方法进行改进。具体的研究工作和结果体现在以下几个方面：

（1）提出了无人机影像拼接特征点高效提取方法。针对 SURF 算法执行效率不高的问题，研究对 SURF 算法中构造尺度空间、特征点检测、特征主方向计算、特征向量计算中重复性步骤，进行并行加速，以提高 SURF 算法的运行效率。实验结果表明，并行优化 SURF 算法的运行效率比传统 SURF 算法提高了 16 倍。

（2）提出了融合特征点的深层次特征和浅层次特征的特征点匹配方法。传统 SURF 算法特征描述向量，其包含地物信息较少，本章采用深度学习提取深层次特征信息与 SURF 算法低维浅层次特征相融合，构建特征点的匹配特征，进行后续特征点匹配，该方法提高了特征点匹配的精度。实验结果表明，本章改进方法比传统 SURF 算法的特征点匹配精度提高了 7%，最终配准的同名点位偏离程度为 0.4 个像素，达到亚像素级别匹配。

（3）应用无人机拼接影像进行地表覆盖类型解译。使用本章研究方法进行大范围区域内的无人机影像快速拼接，然后采用基于地理对象的影像分析方法进行无人机影像地表覆盖类型解译工作。实验结果表明，应用无人机拼接影像可以较好地提取下垫面地表覆盖类型，满足应用要求。

本章对无人机影像拼接中的各个步骤进行研究，实验结果表明具有较高的实用性，但还可以进行改进。使用并行计算的

SURF 算法进行特征点提取，虽然在计算速度上有着大幅度提高，但无人机影像分辨率较高，会提取出大量的特征点，对于特征点提取及后续匹配均存在计算量较大，因此如何提取稳定、少量的特征点将是下一步的研究方向。

第5章　基于FCN的无人机遥感影像水体提取方法

5.1　深度学习框架平台的搭建

本章的基于FCN的高分辨率无人机影像水体提取模型是在PyTorch深度学习框架平台上实现的。PyTorch来源于Torch。Torch是一个有许多深度学习算法支持的科学计算框架，其发展得益于Facebook对Torch深度学习模块的开源与扩展。Torch十分灵活，但在目前的深度学习大部分是以Python为编程语言的环境下，由于其使用Lua为编程语言，增加了学习使用Torch框架的成本。为了弥补编程语言上面的劣势，Torch7团队开发了PyTorch框架。从名称上可以直观看出，它与Torch框架的不同之处在于PyTorch是用Python作为开发语言的。PyTorch既可以理解为加入了GPU支持的numpy，也可以当作一个有自动求导功能的强大的深度学习网络。

相比较于TensorFlow和Caffe两个也十分通用且强大的框架，PyTorch有一个极大的优点。前二者使用的都是命令式编程语言，训练前必须先定义一个神经网络结构，训练过程只能反复使用同样的结构，如果想改变网络结构只能从头开始。但PyTorch支持动态神经网络，它可以通过一种反向自动求导的技术，使用过程中随时改变神经网络的行为，十分方便与灵活，所以选择PyTorch框架进行FCN网络的搭建。

PyTorch深度学习框架要依赖一些计算库及加速器才可以运行。搭建环境选用Linux操作系统，系统版本为Ubuntu 18.04。在该系统下配置安装包含numpy等科学计算库和Python的Anaconda，再安装专为英伟达显卡设计的深度学习 GPU 加速器 CUDA 和 cuDNN，最后安装 PyTorch 官方软件，深度学习框架平台便搭建完成。

本次研究所选用的计算机硬件配置见表 5－1。

表 5－1　　计算机硬件配置

硬件名称	型号
处理器	Intel Core i5－6300HQ @ 2. 30GHz 四核
内存	12 GB（金士顿 DDR4 2400MHz）
显卡	英伟达 GeForce GTX 950M
硬盘	希捷 500GB

5. 2　VGGNet 网络模型的导入

在深度神经网络模型中，每种数据处理层的数量及配置方式对最终结果的影响很大，选用一个合适的网络排布方式至关重要。CNN 出现的时间相对较早，在发展过程中，由于涉及的图像处理领域越来越多，亦涌现出了各种各样改进的 CNN 网络模型，不同 CNN 模型的卷积层池化数等设定上都有所差异。同时，由于 FCN 的网络结构相较于 CNN 而言，前面所有卷积和池化操作都是一致的，只是后面将全连接层替换成了全卷积层进行上采样，以及多了一个跳跃结构。因此，可以选用一个较为完善的 CNN 模型作为前面的网络模型，将其改进为 FCN。

2014 年，ILSVRC 比赛的亚军和定位项目比赛的冠军被深度卷积神经网络模型 VGGNet 包揽。从那时起到现在，VGGNet 一直热度居高不下，被无数人拿来提取图像特征。VGGNet 模型由牛津大学计算机视觉研究中心和谷歌 DeepMind 研究人员共同研发，理清了卷积神经网络的效率与其深度的关系。VGGNet 的优势在于通过堆积小的卷积核取代大的卷积核，其中堆积的小卷积核的卷积层个数和单个大卷积核相同。这样可以大大增加决策函数的判别性，同时还可以减少参数的体积量。模型中重复堆叠 2×2 的最大化池和 3×3 的卷积核，构造了 11—19 层的卷积神经网络，如图 5-1 所示。

ConvNet Configuration					
A	A—LRN	B	C	D	E
11 weight layers	11 weight layers	13 weight layers	16 weight layers	16 weight layers	19 weight layers
input(224×224 RGB image)					
conv3—64	conv3—64 LRN	conv3—64 conv3—64	conv3—64 conv3—64	conv3—64 conv3—64	conv3—64 conv3—64
maxpool					
conv3—128	conv3—128	conv3—128 conv3—128	conv3—128 conv3—128	conv3—128 conv3—128	conv3—128 conv3—128
maxpool					
conv3—256 conv3—256	conv3—256 conv3—256	conv3—256 conv3—256	conv3—256 conv3—256 conv1—256	conv3—256 conv3—256 conv3—256	conv3—256 conv3—256 conv3—256 conv3—256
maxpool					
conv3—512 conv3—512	conv3—512 conv3—512	conv3—512 conv3—512	conv3—512 conv3—512 conv1—512	conv3—512 conv3—512 conv3—512	conv3—512 conv3—512 conv3—512 conv3—512
maxpool					
conv3—512 conv3—512	conv3—512 conv3—512	conv3—512 conv3—512	conv3—512 conv3—512 conv1—512	conv3—512 conv3—512 conv3—512	conv3—512 conv3—512 conv3—512 conv3—512
maxpool					
FC—4096					
FC—4096					
FC—1000					
soft—max					

图 5-1　几种 VGGNet 模型的结构层次

VGGNet 完全运用 3×3 的卷积核以及 2×2 的池化核，随着网络层次结构的不断加深，效率也不断提高。此外，一个 5×5 的卷积层相当于两个 3×3 的卷积层的串联，一个 7×7 的卷积层相当于三个 3×3 的卷积层的串联，即彼此感受野大小近乎相同，但三个 3×3 卷积层参数量远小于一个 7×7 卷积层，这使得运算量大大降低，同时三个非线性操作的学习能力也要强于一个非线性操作。

VGGNet 中网络通过五段由多个 3×3 卷积层和最大化池串联起来的网络构成，最后包含三个全连接层和一个 softmax 层。VGGNet 模型包括很多层级深度的网络，其中，VGGNet－16 和 VGGNet－19 最为常见。综合考虑后，决定选用 VGGNet－16 神经网络模型作为前半部分网络，下面将简要介绍 VGGNet－16 的基本网络结构。

图 5－1 中的 D 列即为 VGGNet－16 模型。输入一张图片，在两次 64 个卷积核的卷积之后，采用一次池化，再经过 128 个卷积核的两次卷积之后，采用一次池化，再经过 256 个卷积核的三次卷积之后采用一次池化，再经过 512 个卷积核的三次卷积之后采用一次池化，再经过 512 个卷积核的三次卷积之后再池化一次，最后通过三个全连接层和 soft-max 层后结束，这就是 VGGNet－16 的基本网络结构。

本章所搭建的 FCN 网络模型，选取的 VGGNet－16 截至最后一次最大值池化结束，后面的网络结构层次进行重新设计。需要注意的是，由于后面网络结构的上采样过程中包含跳跃结构，需要利用到前面 VGGNet－16 网络中池化后生成的特征图，所以需要将其池化图导出，部分网络实现代码如图 5－2 所示。

```
def forward(self, x):
    output = {}
    # get the output of each maxpooling layer (5 maxpool in VGG net)
    for idx in range(len(self.ranges)):
        for layer in range(self.ranges[idx][0], self.ranges[idx][1]):
            x = self.features[layer](x)
        output["x%d"%(idx+1)] = x

    return output
```

图 5－2　VGGNet－16 网络实现代码

5.3　FCN 网络的搭建

前半部分提取深度特征的网络已经引入好了，接下来就是搭建 FCN 特有的关键部分网络了。

承接前面的网络结构，继续进行操作需要 5 次上采样才能恢复原始图像的尺寸大小。上采样过程中需要对数据进行归一化处理，使数据分布保持一致，减小图像间的绝对差异，突出相对差异，加快运算速度。BatchNorm 是最为常用的归一化层，本章选取此归一化层进行归一化处理。操作方法就是每次上采样结束后都插入一层 BatchNorm 归一化层，部分实现代码如图 5 - 3 所示。

```
self.deconv1 = nn.ConvTranspose2d(512, 512, kernel_size=3, stride=2, padding=1, dilation=1, output_padding=1)
self.bn1     = nn.BatchNorm2d(512)
self.deconv2 = nn.ConvTranspose2d(512, 256, kernel_size=3, stride=2, padding=1, dilation=1, output_padding=1)
self.bn2     = nn.BatchNorm2d(256)
self.deconv3 = nn.ConvTranspose2d(256, 128, kernel_size=3, stride=2, padding=1, dilation=1, output_padding=1)
self.bn3     = nn.BatchNorm2d(128)
self.deconv4 = nn.ConvTranspose2d(128, 64, kernel_size=3, stride=2, padding=1, dilation=1, output_padding=1)
self.bn4     = nn.BatchNorm2d(64)
self.deconv5 = nn.ConvTranspose2d(64, 32, kernel_size=3, stride=2, padding=1, dilation=1, output_padding=1)
self.bn5     = nn.BatchNorm2d(32)
```

图 5 - 3 上采样部分实现代码

上采样过程中使用 ReLU 函数作为激活函数，5 次上采样全部结束后，再进行一次全卷积，FCN - 32s 网络便搭建完成。对于 FCN - 8s 和 FCN - 16s 网络，在上采样的过程中，还涉及跳跃结构。FCN - 16s 前两次上采样都需要通过前面网络池化后得到的特征图进行融合，而 FCN - 8s 在前三次上采样结束后每次都需要与特征图进行融合，目的是还原过程中减少底层特征的丢失，使得最终训练结果精度更高。FCN - 8s 网络结构最为复杂，部分实现代码如图 5 - 4 所示。

```
def forward(self, x):
    output = self.pretrained_net(x)
    x5 = output['x5']  # size=(N, 512, x.H/32, x.W/32)
    x4 = output['x4']  # size=(N, 512, x.H/16, x.W/16)
    x3 = output['x3']  # size=(N, 256, x.H/8,  x.W/8)

    score = self.relu(self.deconv1(x5))
    score = self.bn1(score + x4)
    score = self.relu(self.deconv2(score))
    score = self.bn2(score + x3)
    score = self.bn3(self.relu(self.deconv3(score)))
    score = self.bn4(self.relu(self.deconv4(score)))
    score = self.bn5(self.relu(self.deconv5(score)))
    score = self.classifier(score)

    return score  # size=(N, n_class, x.H/1, x.W/1)
```

图 5 - 4 FCN - 8s 跳跃结构部分实现代码

5.4　水体数据的训练

首先，需要导入训练数据。将前面所绘制的语义分割数据集和裁剪的图片数据集各存为两个文件夹中，用 OpenCV 视觉库分别读取相应数据集，并将其压缩为 160×160 分辨率大小的图像，在保证分类效果的前提下减少训练数据量。

接下来进行 FCN 模型的训练。设置每次选取 4 张图片组成一个 batch 作为训练样本输入到 FCN 网络模型中进行训练。每次训练视为迭代一次，一次迭代后用损失函数计算数值并输出。每迭代 5 次后存储一次网络模型，并将训练结果实现一次可视化，将训练数据的分类结果图可视化输出，如图 5-5 所示。在训练过程中也要添加 cuda 函数进行 GPU 加速，提高训练速度。

图 5-5　损失函数计算数值输出与训练结果可视化

本章使用 FCN-32s、FCN-16s 和 FCN-8s 分别进行迭代，实现全卷积神经网络模型的几个关键文件见表 5-2。

表 5-2 模型关键文件

文件名	作用
Data. py	导入训练数据集并进行训练前处理
Testdata. py	导入测试数据集并进行测试前处理
FCN. py	FCN 模型的训练与结果精度检测

5.5 实验结果分析

5.5.1 语义分割评价指标

水体提取的过程不可能达到所有像素都实现完全正确的语义分割，有时会将水体判断为非水体，抑或将非水体判断为水体。由于分类结果只有两类，在本次研究中使用总体分类精度（Overall Accuracy）作为精度评价指标。总体分类精度是应用最为广泛的分类精度评价指标之一，表示被正确分类的类别的像元个数与总像元个数的比值，计算公式见式（5-1）：

$$OA = \frac{1}{N_{\text{total}}} \sum_{k=1}^{K} N_{kk} \tag{5-1}$$

式中：N_{kk} 为被正确分类的像元个数；N_{total} 为图像中像元总数。

5.5.2 总体结果与精度评价

训练完成后，分别取 3 种网络结构迭代 10000 次后得到的模型进行精度评价。选取已经准备好的测试数据集，分别用相关模型文件进行计算，最终得到总体分类精度以及测试结果图。

由表 5-3 可以看出，三种分类方式中，FCN-16s 和 FCN-8s 的总体分类精度相接近，FCN-8s 精度略高，但二者总体分类精度均明显高于未经过跳跃结构融合恢复的 FCN-32s 网络模型。可见融合特征图在上采样过程中的重要性。

表 5-3 训练时长及总体精度

模型名称	训练时长	总体精度/%
FCN-32s	4h55min	77.04

续表

模型名称	训练时长	总体精度/%
FCN－16s	6h9min	82.60
FCN－8s	6h57min	85.72

表 5－4　　几种 FCN 模型的测试结果

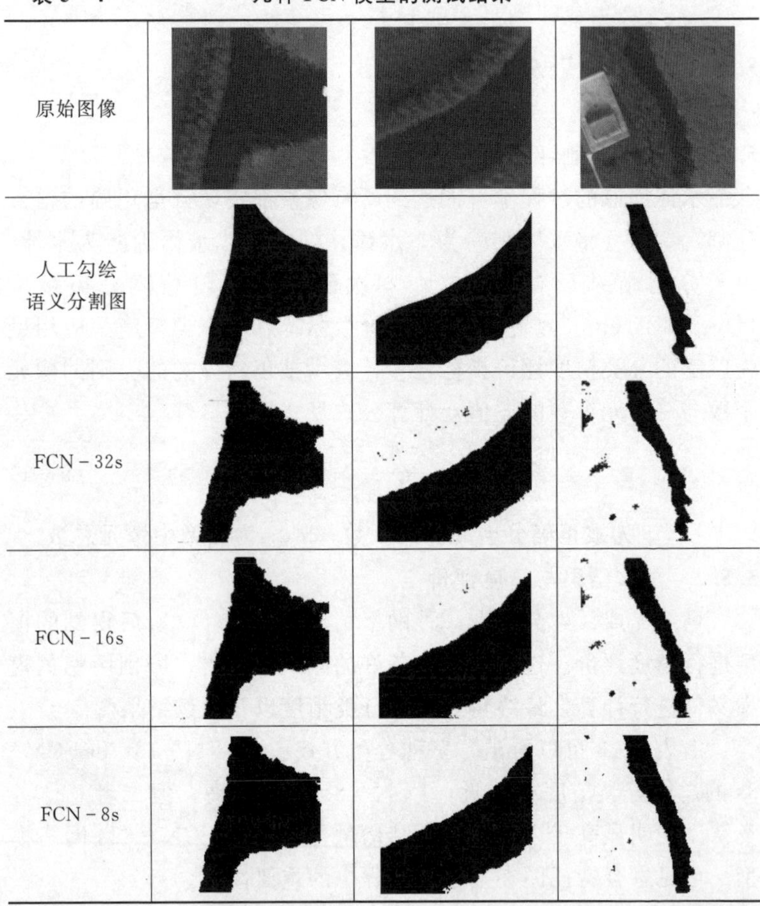

这里选取了几张计算好的结果图进行分析。从表 5－4 中可以看出，FCN－32s 分割结果中噪声较多，水体区域边界处理较为粗糙，而 FCN－16s 和 FCN－8s 的噪声相对较少，水体区域边界分割细致，

相对更加精准，这是由于FCN-32s在上采样过程中，没有使用图像部分底层特征所造成的。其中，FCN-8s分类效果最佳。

所以本章接下来选用FCN-8s网络进行分析，其分类结果较为准确。首先，如图5-6和图5-7所示，可以看出，左上角肉眼不便于分辨的芦苇荡中的垄沟，并没有被错误识别为水体。

图5-6 垄沟测试样本

图5-7 垄沟测试结果

其次，由于光线的影响，有些植被拍摄后颜色较深，且稍模糊，肉眼看来与水体纹理颜色均较为接近，如图5-8所示。但FCN-8s网络模型在分类过程中，由于涉及底层特征的分析，使其最后也成功区分开了水体与这些区域，如图5-9所示。

图5-8 植被测试样本

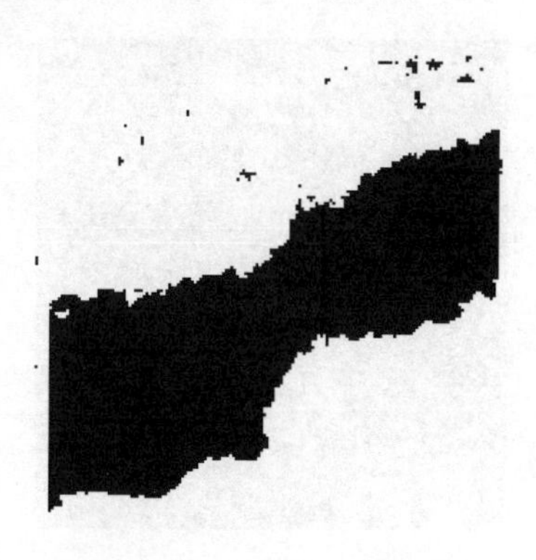

图5-9 植被测试结果

虽然 FCN－8s 对于大部分影像的水体提取结果较好，但模型仍存在一些问题。首先，肉眼可识别出来的屋顶区域被识别成水体，如图 5－10 和图 5－11 所示。原因可能是 FCN 模型过分依赖像元之间的关系，而没有考虑到所提取目标的形状与全局关系，造成该深颜色屋顶区域水体提取出错。

图 5－10　屋顶测试样本

图 5－11　屋顶测试结果

其次，水中的船只对影像的干扰。船在水中航行会遮挡部分水体区域，如图 5－12 所示。FCN 网络模型会将船体本身和航行产生的水花与水体区域区分开，结果图中会形成水体区域“空洞”，如图 5－13 所示。

图 5－12　船只测试样本

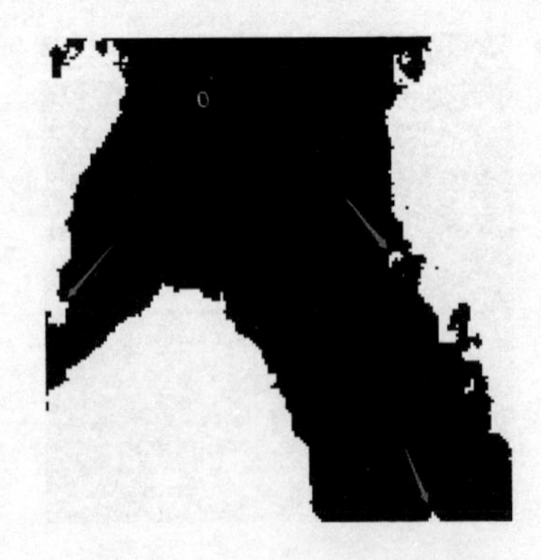

图 5－13　船只测试结果

总体而言，FCN-8s 网络的分类效果较好，可以将图片中接近的植被和垄沟等与水体区域区分开，表明 FCN-8s 网络适合水体区域的提取。但由于其是基于像素及分类，仍然存在噪声，以及房屋和船只等对分类过程的影响问题。

5.6 总结与展望

水体提取是当今社会水资源保护和洪涝灾害灾情分析的一个重要环节，如何高效准确地对水体区域进行提取也是一直以来的一个研究热点。本章研究了利用 FCN 结构模型对高分辨率无人机影像进行水体区域提取的方法，实现了准确高效的水体提取过程。本章所做的工作如下：

（1）针对水体提取是二分类，以及高分辨率无人机影像是三波段的特点，本章采用了一种更高效快捷制作训练样本的方法。Photoshop 的切片处理可以固定裁剪区域大小并批量导出，大大提升了样本选取速度。使用 MATLAB 进行编程，可以更加自动化地批量对图像进行处理，利用自带的 roipoly 函数可以直接绘制语义分割数据集，简单高效。

（2）在 FCN 结构模型中，前半部分调用优化更为完善的 VGGNet-16 结构模型，后半部分上采样过程中分别设置不同的特征图融合优化方式，形成 FCN-32s、FCN-16 和 FCN-8s 结构模型分别进行训练，得到最终结果。通过精度评定，FCN-8s 的精度较高，可以准确地区分出水体与其他地物。

研究中虽然在水体提取方面取得了较为满意的成果，实现了基于 FCN 的高分辨率无人机影像水体提取，但仍有提高与改进的余地，可以在以下方面继续进行深一步的探索研究：

（1）可以考虑使用多源数据结合的方式共同进行训练。例如，卫星遥感影像的近红外波段可以计算 NDWI 指数。将二者结合，既能在全局层面准确区分出房屋与水体的大致区域，也能够利用无人机影像高分辨率的特点获得更清晰准确的结果。

（2）可以继续优化网络参数，实现精度的提升。FCN网络近来也有了重大的进展，有些基于FCN优化的新的网络模型的诞生，也有将FCN与CNN所结合形成的网络模型，如果对其进行分析处理，可能可以提高模型的精度。

（3）本次研究训练样本只用了40组图片，且人工勾绘语义分割数据集的过程没有使用精确的绘图工具，水体边缘准确度有待提升。如果可以增加更多的样本，便可以得到更加准确的训练成果。当训练样本足够多，训练的精度和对不同环境下拍摄的影像的普适性也就会更高。这样可以将训练生成的函数开发成软件，方便企业及个人进行水体提取。

第6章 基于深度学习的无人机遥感影像分类

目前，地表覆盖类型解译使用的方法有基于像元的影像分析方法和基于地理对象的影像分析方法。基于像元的影像分析方法处理高空间分辨率影像，容易出现“椒盐现象”等，无法获得较好的解译结果。而基于地理对象的影像分析方法通过考虑实际地物的光谱、纹理、空间关系等特征，依据分割的对象选择分类样本，完成影像解译，能克服“椒盐现象”，并且保持分类边界清晰，更适合于处理高分辨率影像，成为下垫面地表覆盖类型解译的主流方法。因此，本章选取基于地理对象的影像分析方法，完成下垫面地表覆盖类型解译工作。

本章采用的实验软件为 eCognition，实验影像为东楮岛多幅影像拼接实验的结果。基于地理对象的影像分析方法，主要包括影像分割、分类两部分。

6.1 影像分割

本章采取的分割算法为 eCognition 软件中的多尺度分割算法，其是自下而上的分割算法，通过不断向上合并，生成各个分割对象，其分割尺度越大，则获得的分割地物面积也越大。该方法同时考虑宏观和微观特征，提取效果较好。使用该算法进行地物分割时，往往需要先找到地物最优分割尺度。

本章采用 eCognition 软件中的 ESP（Estimation of Scale Parameter）模块进行最优分割尺度的确定。ESP 模块可以循环迭代，并显示出对象的局部变化 LV（Local Variance）以及变化率 ROC（Rates of Change）大小，将东楮岛影像使用 ESP 模块进行计算，绘制的 ROC－LV 折线图如图 6－1 所示。

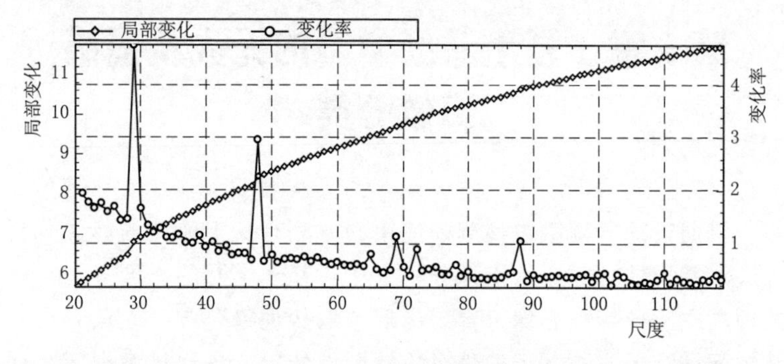

图 6－1　ROC－LV 折线图

当局部变化率最大时，对应的分割尺度即为最优分割尺度。然而，ESP 模块会计算出多个最优分割尺度，需要结合分割影像，确定最终的最优分割尺度。由图 6－2 可以看出，实验计算出多个最优分割尺度。结合影像分割结果，确定最优分割尺度为 88。设置最优分割尺度为 88，形状参数为 0.4，紧致度参数为 0.5，对东楮岛影像进行分割，分割结果如图 6－2 所示。

图 6－2　分割结果

如图 6 - 2 所示，先使用最优分割尺度将对影像进行分割，从图中可以看出地物的分割结果，房屋、道路等规则物体的边界能与分割线相匹配。

6.2 分类

依据最优分割影像，选取建筑物、道路、水体、其他用地共 4 个类别，每个类别选取一定数量的地物样本，然后使用支持向量机算法（Support Vector Machine，SVM），实现无人机影像监督分类，图 6 - 3 即为监督分类后提取的地物分类影像图。

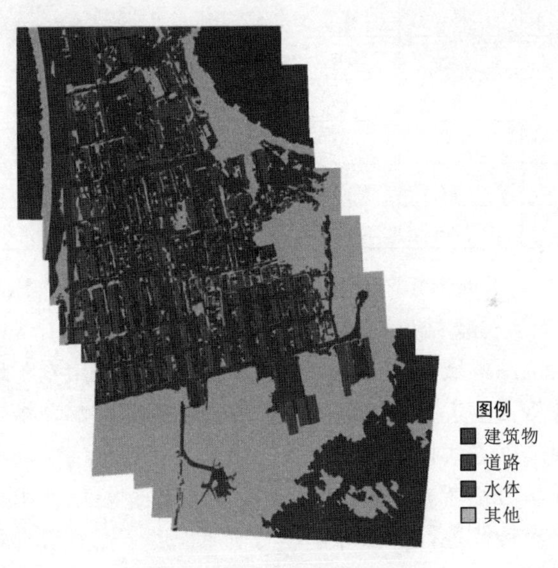

图 6 - 3 地物分类影像图

从分类结果中可以明显看出房屋、道路和河流典型地物的边界线，实验结果表明基于多尺度分割的面向对象的分类方法具有较好的提取结果，能避免监督学习、非监督学习分类过程中产生的椒盐现象。

6.3　精度评价

精度评价方式选取 eCognition 软件中的 Error Matrix based on Samples 模块，该方式在影像分类完成后，对于每类地物，均重新选取一定数量的地物分割对象作为评价样本，依据评价样本计算混淆矩阵，从而获得精度评价指标。本节精度评价指标主要使用总体精度和 Kappa 系数。

每种地物选取约 50 个分割样本，其混淆矩阵见表 6－1。

表 6－1　　混淆矩阵

项目	建筑物	道路	水体	其他	合计
建筑物	44	0	0	4	48
道路	3	47	0	1	51
水体	0	0	51	2	53
其他	2	4	0	43	49
合计	49	51	51	50	

由表 6－1 混淆矩阵计算出：总体精度为 0.920，Kappa 系数为 0.896，其分类结果精度较高。研究表明，先使用本书研究方法进行大范围区域的无人机影像快速拼接，再使用基于地理对象的影像分析方法进行下垫面地表覆盖类型解译，解译结果精度较高，证明本书方法拼接后的影像能满足应用要求。

深度学习逐渐成为研究的热门领域，本章仅仅使用深度学习提取深层次特征进行特征构建，而使用深度学习算法进行特征点提取、影像融合、地表覆盖类型解译等步骤，也具有较强的应用前景，有待进一步研究。本章实验研究算法取得较好的实验结果，将实验方法封装成一个包含影像预处理、影像拼接、地表覆盖类型解译等模块的软件，方便科学研究和工程应用的需求，也有待进一步深入研究。

第7章　无人机遥感应用实践

7.1　无人机遥感在低温雨雪冰冻灾害监测中的应用

7.1.1　低空无人机遥感系统在低温雨雪冰冻灾害中的应用

2008年年初发生在我国南方的冰冻雨雪灾害，灾区电力、农业、畜牧业、通信、交通运输带来很大破坏，给人民群众生命财产和工农业生产造成重大损失。此次持续的低温雨雪冰冻天气范围广，强度大，时间长，灾害重，受灾区域人口达20个省（自治区、直辖市），直接经济损失达1516.5亿元。

为了提高救援效率和质量，降低灾害损失程度，必须实施统一、高效、快速的应急救援。迅速准确获取灾害发生后的灾情信息是提高灾害应急救援效率的关键因素。无人机航空遥感系统具有实时性强、机动快速、影像分辨率高、经济便捷、全天候云下作业的特点，且能够在高危地区作业，非常适用于各种自然灾害的应急救援。

冰雪刚刚消融，国家减灾中心工作组到达桂林与桂林市民政局一起，采用桂林航龙公司的“千里眼”微型无人机对灾情进行监测和应急评估，获取很高分辨率的影像。能够清楚的了解房屋的倒塌、损坏，和基础设施的破坏情况，对灾情评估和恢复重建有重要作用。这是国内第一次成功地将无人机用于救灾工作中。无人机遥感在雨雪冰冻灾害中的应用流程图如图7－1所示。

（1）灾情勘查与实时监测。无人飞机是整个救灾工作的“眼睛”，可以丰富灾害现场勘查方式和极大地提升灾害现场的勘查能力，尤其是在冰雪灾害环境和复杂的地理条件下，道路和通讯完全中断，工作人员无法抵达预定勘查地点时，可以借助无人机

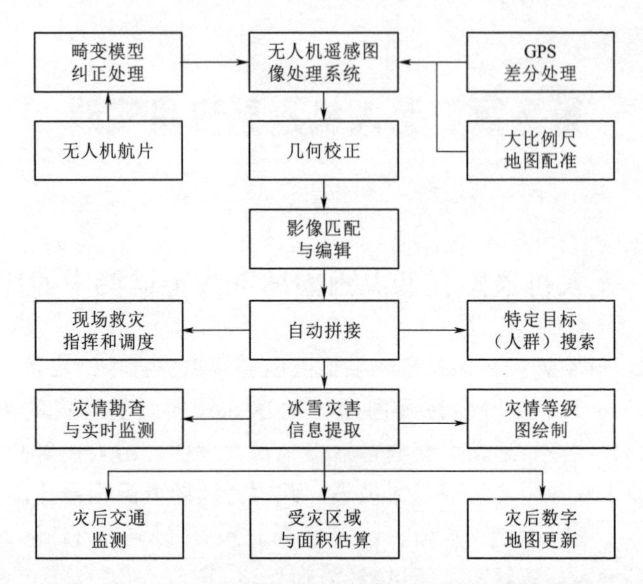

图 7－1　无人机遥感在雨雪冰冻灾害中的应用流程图

快速飞抵灾区现场，迅速获取灾情。根据拍摄的航片，可以比较客观地获取灾情信息，实现灾情的快速上报。同时还可以利用长航时无人机，对低温的发生强度以及雨雪冰冻灾害的分布范围实施实时动态监测，及时把握灾情，并且能够迅速地研究低温冷害发生发展的一般规律，为相关部门及时采取有效救灾措施提供及时而全面的信息。

无人机遥感系统可将现场拍摄的实际受灾情况，通过无线电通信数据链下行通道传输到地面控制站或以低轨道卫星为中继平台实时高效传输至救灾指挥中心，从而全面而及时地了解灾情。通过无人机获取或传递信息，制定正确合理的救灾决策与方案和对灾区的人力和物力进行指挥和调度，可以极大地提高救援效率和力度，又可实现对灾区的科学管理。同时利用无人机拍摄的航片与视频资料，结合 GPS 导航定位信息，又可实现对被困民众的搜索救援。无人机拍摄的冰雪灾害航片如图 7－2 所示。

（2）现场救灾指挥和调度与灾民搜索救援。由于冰雪天气有

(a)

(b)

图 7-2 无人机拍摄的冰雪灾害航片

人驾驶飞机无法起降，航空遥感又难以奏效，而无人机遥感系统通过搭载其的数码摄像机和数码照相机将现场拍摄的实际受灾情况，通过无线电通信数据链下行通道传输到地面控制站或以低轨道卫星为中继平台实时、高效传输至救灾指挥中心，全面而及时地了解灾情。通过无人机获取或传递信息，制定正确合理的救灾决策与方案和对灾区的人力和物力进行指挥和调度，可以极大地提高救援的效率和力度，实现对灾区的科学管理。

同时利用无人机拍摄的航片与视频资料，结合 GPS 导航定位信息，实现对被困民众的搜索救援。在仍有降雪的情况下获取到大量宝贵的灾情航片和视频资料。无人机拍摄的冰雪灾害航片——电力设施损毁如图 7-3 所示。

图 7-3 无人机拍摄的冰雪灾害航片——电力设施损毁

（3）灾情图绘制和受灾面积估算。

1）利用无人机航空遥感系统提供的灾情信息和图像数据，估计受灾区域，准确计算受灾面积及其灾害损失评估。

2）利用无人遥感系统的图像处理系统功能，实现航片的拼接，如图 7－4 所示。根据拼接完毕的遥感影像信息，绘制出冰雪灾害灾情图，并利用 GPS 定位信息，精确标注出实地位置，以确定具体受灾区域和重灾区，为确定受灾群众救助标准，迅速运送发放救灾物资提供依据。

3）利用 GPS 后差分处理软件对 GPS 信息进行后差分处理，得到比较精确的三维坐标信息，将航拍影像导入到 ARCGIS 软件中，利用其面积量算功能准确计算出受灾面积，为后续救灾工作服务。

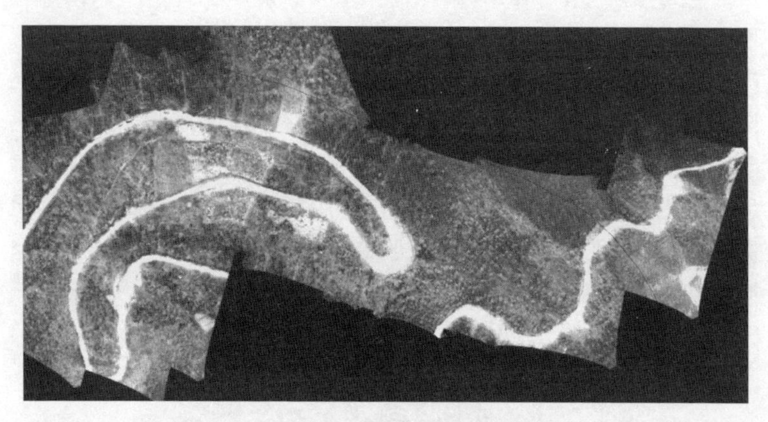

图 7－4　无人机航拍照片拼接图像

（4）灾情评估。对灾区进行航拍，对灾区的基础设施、房屋和林地损失等进行灾情评估。根据航拍照片，在影像上可以快速计算出损毁山林面积和飞行覆盖区总面积，并得出山林损失率，结合抽样调查法，则可以得出整个区域山林损失率，如图 7－5 所示。同样进行房屋和基础设施的评估，完成整个灾区的灾情评估。这样可以进行比较定量化的评估，得到的灾情评估结果也更为客观。

图 7-5 损毁林木和农田航片图像

(5) 灾区通信导航与交通监测。由于冰雪灾害的严重破坏，灾区的道路、桥梁、电力和通信中断，将无人机作为中继通信平台的使用，可以完成通信/数据中继和 GPS 卫星导航任务。利用无人机沿主要国道进行航拍，将获取的视频资料传输到交通指挥中心，并对所得信息进行快速分析，对出现问题的道路、桥梁进行评估，用以快速确定救灾的路线。同时进行路况评估，作为交通决策的依据，避免盲目的交通管制。

(6) 灾后数字地图更新和灾后重建。由于冰雪灾害的重大影响，灾区的道路、通信、电力等许多基础设施和房屋、林地受到严重破坏，造成了局部地形的改变。为及时准确掌握冰雪灾害后的地形和地貌，及灾后重建和详细规划的顺利实施，利用无人机绘制数字地图，尤其是大比例尺地图的更新。无人机遥感影像具有快速更新数字地图的优势，成图比例尺大，经济合理，效率较高，便于实施，是我们未来进行地图更新的重要手段。

根据获取的遥感影像，利用 GPS 后差分处理技术获取高精度空间坐标信息，完成数字地图的更新。

7.1.2　无人机遥感在低温雨雪冰冻灾害应用中存在的缺陷及对策

由于低温冰雪天气的影响，风速较大，而飞机体积小、载重量轻，无法使用专业航空相机以及姿态记录仪、稳定平台等辅助设备，使拍摄姿态不稳，所得图像畸变较大，相关参数少，导致后期图像处理很困难。选用性能更为先进的无人驾驶飞机，在载荷允许情况下携带专业航空摄影机和记录仪、稳定平台等辅助设备。由于空中雨雪与地面冰雪的作用，GPS 接收机就会产生多路径效应，信号严重受损，导致无人机导航精度比较低。采用景象匹配面积相关技术以地面图像为基础提供高精度的位置坐标；还可以采用 GPS 后差分处理软件对 GPS 信息进行处理，将 GPS 信息格式转换为标准 RIENEX 格式，进行精密三维坐标的解算。这样就可以比较经济解决了导航精度低的难题。

无人机成为了抵抗低温雨雪冰冻灾害的急先锋。为战胜灾害发挥了重要作用，同时也暴露一些不足。随着无人机飞行器技术、遥感传感器技术、遥测遥控技术、通信技术、GPS 差分定位技术和遥感应用技术的发展，无人机遥感应用范围和深度会不断深化。无人机航空遥感系统作为卫星遥感和载人航空遥感的补充手段，具有实时性强、灵活方便、外界环境影响小、成本低、云下低空飞行、近全天候工作能力的优点，其应用于自然灾害应急救援具有广阔的发展空间和应用前景。

7.2　无人机遥感在汶川地震灾害应急监测与评估中的应用

无人机遥感系统拍摄航空照片，图像清晰，分辨率较高，具有实时性强、灵活方便、外界环境影响小、成本低、云下低空飞行、近全天候全天时工作能力的优点，深入到人员无法到达的地方，安全可靠，对突发事件能够及时应对，以最快速度获得第一手资料，形成了无人机遥感系统独特的应急能力，为整体决策提供科学依据。它非常适合目前我国救灾的应急工作模式和社会突发事件的处理，特别适合现场应急工作组的使用，能大大加强灾害现场工作组的应急数据采集和数据传输能力。无人机遥感系统的巨大优势使其在汶川大地震灾情监测与评估中发挥了不可替代的作用。在地震发生后，利用无人机高分辨率遥感数据，对灾区受灾状况进行系统评估，并对灾区次生地质灾害进行了快速、系统、连续的监测。采用改进 SIFT 算法影像对进行快速拼接配准，进行几何校正和地理坐标镶嵌，并进行一系列相关处理以获取正摄影像。根据图像特征，采用面向对象方法提取建筑物、道路、桥梁等损毁信息，对滑坡和堰塞湖的分布与规模等进行了快速定量评估。在大地震过后，地形地貌发生了重大变化，利用无人机遥感快速采集数据进行局部大比例尺数字地图的更新工作。监测评估成果及报告呈送了国家各有关部门和救援队伍，为抢险救灾及灾后重建工作提供了翔实、可靠的科学依据。

7.2.1 汶川地震概况

2008 年 5 月 12 日 14 时 28 分 4 秒，我国四川省汶川县（北纬 31°、东经 103.4°）发生 8.0 级特大地震，之后发生了数千次余震。汶川地震震级之高、波及范围之广、次生地质灾害之严重、救灾难度之极大，是中华人民共和国成立以来破坏性最大的一次地震灾害，大约 50 万 km^2 受到重创。汶川地震造成长达 300 多 km 的地表破裂，破裂时间持续约 80s，断层从汶川县映秀镇向东北方向一直延续至青川县一带，地震裂缝、地震鼓包、同震隆起等地面破坏现象随处可见，最大地面隆起达到 6m。断层穿过之处山河为之改观，道路、桥梁、房屋等各类建筑物损失惨重。

由于汶川地震发生的区域位于青藏高原向成都平原过渡地带，地质构造与自然地理条件十分复杂。地震引发了大量崩塌、滑坡、泥石流、堰塞湖等次生地质灾害，如图 7-6 所示。汶川特大地震及其引发次生地质灾害造成包括国家及省级公路在内的交通基础设施损毁严重。由于道路损毁中断，救援人员、物资、车辆和大型救援设备难以进入救灾现场，严重阻碍应急救灾工作，同时严重影响了灾区居民的日常生活和社会生产。传统人工实地调查手段难以满足震后快速评估和减灾决策的要求。在地震应急救助工作中，遥感手段能够在缺乏地面调查的情况下，对灾区进行较为全面、宏观的震害调查与损失快速评估，为地震应急救助提供决策依据。由于灾区复杂的地理环境和气象条件，同时考虑到卫星的所有权、调度权问题，发生灾害时不一定能够及时获取到灾区相应的遥感数据，使传统遥感手段无法完全满足灾害应急决策的信息需要。然而，无人机遥感被用于灾情信息获取。无人机遥感技术是空间信息技术的新发展，与传统卫星遥感、载人航空遥感相比，灵活方便，成本低，受外界环境影响小，分辨

图7-6　汶川地震引发的次生地质灾害

率高，信息量丰富，短时间重复观测比较适合我国山区或地理环境复杂区域的救灾工作，是未来救灾的必备手段之一。它与卫星遥感、载人航空遥感有较好的互补性，可组成星基、空基、地基结合的灾害监测平台。

7.2.2 数据获取与处理

按照航摄规范，在飞行前制定完善的拍摄方案，比如航线设计、重叠度。对成功获取高质量的影像比较关键的。以汉旺镇航拍为例，进行说明影像获取的过程。2008 年 5 月 14 日，民政部国家减灾中心与北京师范大学和桂林航龙公司一起，携带两套“千里眼”无人机航空遥感系统赶到灾区执行应急救灾任务。该次航拍，采用低空（相对高差 200m 左右）云下飞行方式，影像分辨率为 0.1～0.2m。航拍影像立即提供给现场指挥部，并用随身携带 BGAN 卫星通信系统将影像发回民政部，为救灾决策提供了准确依据。同时，传回的影像很快在国家减灾网和民政部网站发布，并马上被很多网站转载，使公众了解到北川的灾情。

无人机影像在经正射纠正后具备可定位、可量测的特点，使其能够广泛地应用于救灾。目前，无人机遥感存在但是由于目前的无人机遥感系统多使用小型数字相机（或扫描仪）作为机载遥感设备，与传统的航片相比，存在像幅较小、影像数量多、自带 GPS 导航精度差等问题；无人机体积小、载重量轻，导致飞行时稳定性差，获取的航片畸变大，造成了成像影像像对的大旋角、大倾角问题，从而增加了影像的匹配难度，并严重影响了影像的重叠度。无法使用专业航空相机以及姿态测量仪、稳定平台等辅助设备，所得影像的相关参数少，导致后期图像处理困难，图像精确度低。所以无人机遥感影像无法按照传统摄影测量的方法和流程进行处理。

对于无地理坐标的无人机高分辨率遥感影像数据，由于缺少两幅影像的位置关系，以及影像没有经过几何纠正，几何变形问题存在，拼接的第一步需要解决的就是如何充分利用两幅影像重叠区的信息，对两幅影像在进行配准获得相对位置。

通过将视频图像匹配中获得巨大成功的 SIFT（Scale Invariant Feature Transform）特征应用于无人机遥感影像的自动配准问题中。本书针对无人机遥感影像的成像特点，给出了一种具体的特征匹配方法。基于改进 SIFT 算法开发了影像拼接软件，以 SIFT 特征匹配为预匹配，以最小二乘匹配为精匹配，最终实现了影像的自动匹配。实验表明：SIFT 特征的信息量十分丰富，在海量特征数据库中可以进行快速、准确的匹配、经改进的 SIFT 匹配算法甚至可以达到实时的要求，使之对于无人机遥感影像在不同的变形、不同的光照变化和不同的分辨率下能够稳定、可靠、快速地拼接。采用无人机自带 GPS 信息进行几何校正。由于单幅影像面积较小，GPS 坐标对应点默认为单幅影像中心。对其中一幅影像进行几何纠正（以一幅为参考影像，另一幅为待纠影像），消除影像的形变。经过对影像的逐个分析，再次对其进行裁剪，尽可能保留影像的中心部分。利用同名点将遥感影像与地形图进行逐一配准，同时加入地理信息，完成影像的几何校正和地理定位。

研究采用将无人机影像与该地区高分辨率遥感影像进行配准，使其具有地理制图标准的地理信息。以高分辨率遥感影像作为配准基础，选取无人机影像与遥感底图匹配的同名控制点，采用控制点数据对原始无人机影像的几何变形过程进行数学模拟，建立原始的无人机图像空间与地理制图用标准空间之间的对应关系，利用这种对应关系把变形空间中的元素变换到纠正图像空间中，从而实现几何纠正并使其具有地理信息。同时，由于外部光照以及其他因素的影响，导致获取的影像在色彩上存在不同程度的差异，因而，在影像的拼接过程中很难保证影像的连续性，对于地物的一致性判读和分析会产生一定的困难，需要对纠正后的影像进行匀光处理和图像增强。

通过对无人机获取的数字影像进行纠正处理后，可以制成包括全色波段遥感影像、近红外波段遥感影像等高分辨率遥感影像。由于无人驾驶飞行器飞行高度低，因而所采集的遥感数据地面分辨率高，可以超过传统航空遥感的地面分辨率精度，可以达到分米级，甚至更高的精度。

7.2.3 震害信息提取方法

震害遥感影像的增强处理主要是为了消除图像的噪声、提高图像的视觉效果和突出图像的震害信息，进而能够更容易地识别出由地震引起的建筑物和生命线工程的破坏情况以及次生地质灾害等信息。对建筑群区域分割，利用建筑物分布信息，剔除影像上的非建筑物区域；可以更好地进行建筑物损毁识别，利用损毁建筑物解译结果，统计评估指标，进行灾区建筑物损毁评估。

从震后获取的遥感影像上快速提取震害的方法，是获取救灾信息的关键。可分为人工目视判读法、计算机自动识别法和人机结合的识别法。目视判读法是在图像增强处理与显示的基础上，依据判读标志，识别地物类型及其震害程度，该方法识别精度相对高，由于灾害发生时需要处理的数据量大，单纯依靠人工解译在一定程度上限制了灾害信息提取的速度和提取的信息量，效率较低；计算机自动识别法则在图像增强处理的基础上，采用监督或非监督分类法进行地物类型及其震害程度的自动识别，该方法识别速度快，精度相对低。因而，半自动的人机结合法是提高灾害信息提取速度和信息量的关键所在，兼顾识别的精度和效率。而随着高分辨率遥感影像的发展，传统基于像元的分类技术已不能满足需求，引入面向对象的信息提取技术，充分挖掘影像对象的纹理、形状和相互关系等信息，能够有效地提高震害的分类精度。基于面向对象的遥感震害提取思路和方法，并应用汶川地震震后无人机高分辨率航空遥感数据，针对建筑物震害进行面向对象的快速提取与自动分类。

采用面向对象的遥感处理软件，对经过影像处理的无人机遥感影像进行信息提取。面向对象的信息提取思路，Feature Analyst（FA）4.2 for ArcGIS 提供了针对高分辨率影像的地物分类和信息提取算法，在数据分析处理时采用了机器学习技术，通过对光谱信息和空间几何关系的分析来实现数据的分类和特征的提取，可快速、高效地生产地理空间信息。由于需要不断更新的高空间分辨率遥感影像，用于分析可能的人员伤亡、基础设施损毁等细节信息，因而，对遥感影像的时间分辨率和空间分辨率均有较高的要求。目前，国内遥感卫星的地面分辨率相对较低，对于地面细节信息要求高的灾害监测使用价值有限。由于发生灾害时卫星不一定正好位于灾害发生区域，虽然卫星能够通过变轨、调姿等方式扩大数据的可能获取范围，仍然很难满足一些灾害的实际需求。图 7－7 为无人机遥感影像与卫星影像对比，在空间分辨上和地物细节表现上具有极大的优势。因而，在条件允许的情况下，无人机遥感数据获取是非常必要的一种技术手段。

图 7－7　无人机遥感影像与卫星影像对比

而无人飞机可以丰富灾害现场勘查方式和极大地提升了灾害现场的勘查能力，尤其是在地震的灾害环境和复杂的地理条件下，道路和通信完全中断，工作人员无法抵达预定勘查地点时，可以借助无人机快速飞抵灾区现场，迅速获取灾情。根据航片，可以比较客观地获取灾情信息，实现灾情的快速上报。同时还可以利用长航时无人机，对地震灾区实施实时动态监测，及时把握灾情，为相关部门及时采取有效救灾措施提供及时而全面的信息。同时，在通信中断情况下，通过无人机获取或传递信息，对灾区的人力和物力进行指挥和调度，可以极大地提高救援的效率和力度，实现对灾区的科学管理。

7.2.4　次生地质灾害监测

在汶川地震后，由地震引发的次生灾害也不容忽视。崩塌、滑坡堵塞了河道，形成许多极具威胁的堰塞湖，造成了灾区大部分国道、省道、乡村道路破坏严重。而局部地区还因为滑坡而掩埋或砸坏大量的房屋，进一步加剧了灾害损失。同时，堰塞湖的拥堵物质不是固定不变的，它们受冲刷、侵蚀、溶解等作用产生崩塌。一旦拥堵物质被破坏，湖水便漫溢而出，倾泻下来，形成洪灾，对下游城镇乡村的居民带来巨大威胁。因此，对滑坡及其造成的堰塞湖进行监测是汶川地震遥感应急管理的重点。

无人机高分辨率遥感技术在滑坡、堰塞湖等次生灾害的快速监测中发挥了不可替代的作用，如图 7－8 所示。尤其是唐家山堰塞湖的全方位监测中也起到了十分重要的作用。唐家山堰塞湖是汶川大地震后形成的最大堰塞湖，地震后山体滑坡，阻塞河道形成的唐家坝堰塞湖位于涧河上游距北川县城约 6 km 处，是北

图 7－8　倒塌房屋与滑坡体航拍图

川灾区面积最大、危险最大的一个堰塞湖。库容为 1.45 亿 m^3。体顺河长约 803m，横河最大宽约 611m，顶部面积约 30 万 m^2，由石头和山坡风化土组成，如图 7－9 所示。利用无人机遥感数据成功地识别了地震灾害引发的大量滑坡、堰塞湖，确定其分布、规模，量算面积、长度等，并及时上报国务院办公厅、水利部、国土资源部和国家地震局及救援部队。

图 7－9　唐家山堰塞湖航拍图

7.2.5　地震损失评估

地震损失评估包括房屋建筑物损毁、基础设施破坏、人员伤亡及耕地损坏等。其中，房屋建筑物损失评估是地震损失评估的重要内容。对房屋建筑群倒塌率进行分析统计能够比较好地反映房屋实际损失情况。对于评估或预测地震后的人员伤亡具有极其重要的作用，也是指导灾后救人的重要依据。房屋建筑群倒塌率越高，伤亡人数越大。通过无人机对北川县城进行航拍获取了损失评估的第一手资料。随后，用无人机遥感影像，对北川县城的各类建筑物的倒塌率分别进行了判读分析，确定倒塌区域和范围。通过快速量算倒塌损坏房屋面积和飞行覆盖区总面积，可以得出整个灾区房屋建筑物损失率。从无人机遥感影像上得出重灾区北川县城房屋倒塌率高达90%，图7-10为北川县城房屋建筑物受损无人机影像。

图7-10 北川县城房屋建筑物受损无人机影像

7.2.6 总结

无人机遥感系统具有快速灵活机动的特点，能够低速、低空飞行，能快速响应拍摄任务。在汶川地震灾害中，无人机遥感在四川多云多雨的山区第一时间获取了大量高清晰影像数据。根据无人机影像进行了快速灾情评估，统计了倒塌房屋，道路桥梁受损情况，对整个灾情获得了一个比较客观的把握。在震后的次生灾害监测如滑坡、泥石流和堰塞湖等发挥了极其重要的作用。在灾后恢复重建方面，可以用来快速更新数字地图，为灾区详细规划提供数据支持。防灾减灾是一项长期的任务，必须加强空间减灾技术研究。随着无人机及相关航空摄影技术的改进与发展，无人机航空摄影必将成为现代国家对地观测体系中不可或缺的重要组成部分，成为政府和专家等对如汶川地震这样的紧急事件快速处理的决策支撑平台。根据无人机遥感技术发展的趋势和地震灾害本身的特点，从目前“汶川地震”无人机遥感应用情况来看，无人机遥感技术调查评估地震灾情还需要向以下几个方面发展：

（1）多源传感器和高性能遥感平台的选择。紧急状况下，选择无人机影像判读震害信息是一种较好的快速反应。在相当长一段时期内，无人机遥感的特殊作用不能被高分辨率卫星所替代，对灾后信息的获取中尤为重要。选择多源微型传感器和高性能遥感平台，同时可以增加微型姿态控制系统，能够极大增强无人机遥感系统的应急救灾能力。

（2）无人机遥感影像处理需要进一步完善。快速配准与校正，影像增强，信息提取等技术需要进一步研究，以达到实时或近实时应用的目的。

（3）震害的遥感快速识别技术。“汶川地震”后，对单一要素震害的监测较多、得到监测结果的时间也较快。但抗震救灾特别是灾后重建更需要综合的、全面的震害信息。今后震害的遥感快速识别技术，应以区域性分析为基础，区域性遥感震害识别技术则具有更大的发展潜力。

（4）震害信息的人机交互判读更为实用。长期以来，震害信息主要靠人工目视判读提取。近年来发展了震害信息的人机交互判读系统，但还不能满足灾后应急的需求。震害信息的人机交互判读还有很大的发展空间。在震害损失评估方面，将无人机遥感影像与卫星影像结合起来，进行更为全面的损失评估。集成遥感技术在震害损失评估方面将得到进一步的推广和深入应用，并发挥独特优势。

7.3 无人机遥感在农业病虫害监测中的应用

我国是农业大国，获取农作物的长势、生理状况等信息，需进行实地观测，费时费力。而无人机低空遥感监测手段具备分辨率高、灵活便捷、续航时间长、影像实时传输、云下低空飞行、成本低廉等优势，应用到农业生产活动中，可助力精准农业的建设，目前已成为农业监测的研究热点。利用无人机平台搭载多传感器，获取研究区域的农作物多光谱遥感影像。从影像中解译出农作物长势、生理状态以及病虫害等信息，为农田灌溉量、农药使用量等方案的制定提供依据，成为精准农业监测中高效便捷的方法。

无人机遥感平台利用搭载的高光谱、热红外、激光雷达和多光谱等各种传感器获取目标作物的遥感影像、视频、点云等数据，通过对数据的处理、挖掘和建模来获取作物病虫害胁迫信息。此次试验影像的旁向重叠设计为30%，航向重叠设计为80%，无漏拍现象。飞行高度设计为400m。命名规则为RIMG0000，每张影像对应一组辅助数据。无人机遥感系统记录的辅助数据见表7-1。在航摄过程，可以通过uav飞行高度变化曲线，飞行速度变化曲线，方向角变化曲线监测飞行状态，以便于实时调整。

表7-1　无人机遥感系统记录的辅助数据

编号	纬度	经度	速度/(m/s)	高度/m	方向角/(°)
0001	38°56.880′	115°55.754′	V000	H0009	C300
0002	38°56.880′	115°55.754′	V000	H0008	C300
…	…	…	…	…	…
0241	38°56.372′	115°56.400′	V045	H0411	C271
0242	38°56.372′	115°56.353′	V044	H0410	C270
…	…	…	…	…	…

续表

编号	纬度	经度	速度/(m/s)	高度/m	方向角/(°)
0574	38°56.678′	115°56.105′	V047	H0409	C299
0575	38°56.702′	115°56.047′	V045	H0412	C298

参照《1∶500 1∶1000 1∶2000 地形图航空摄影规范》中地面分辨率的计算公式推算无人机影像分辨率的计算公式，按照焦距、航高与分辨率的关系，推导公式如下：

$$\frac{f}{H}=\frac{C}{A} \tag{7-1}$$

式中：f 为相机焦距；H 为航高；C 为 CCD 尺寸；A 为地面覆盖尺寸，A ＝像素数×影像地面分辨率。

本次试验采用定焦拍摄模式，焦距 f ＝5.9mm（相当于 35mm 相机的 28mm），CCD 大小为 1/1.75inch，影像大小为 3648×2376 像素。

根据实验区的平均高程及辅助数据记录的 GPS 高程，得出航高 H 在 220m 左右。将数据代入公式（7－1），计算得出分辨率 R 在 0.145m 左右，每幅影像覆盖范围大致为 0.016km^2。

将视频图像匹配中获得巨大成功的 SIFT（Scale Invariant Feature Transform）特征应用于无人机遥感影像的自动配准问题中。由于无法使用专业航空相机以及姿态记录仪、稳定平台等辅助设备，所得图像的相关参数少，存在像幅较小、影像数量多、自带 GPS 导航精度低等问题，针对无人机遥感影像的成像特点，给出了一种具体的特征匹配方法。基于 SIFT 算法开发了影像拼接软件，使之对于无人机遥感影像在不同的变形、不同的光照变化和不同的分辨率下能够稳定、可靠、快速地拼接。无人机遥感影像处理流程如图 7－11 所示。

采用无人机自带 GPS 信息进行几何校正。由于单幅影像面积较小，GPS 坐标对应点默认为单幅影像中心。对其中一幅影像进行几何纠正（以一幅为参考影像，另一幅为待纠影像），消除影像的形变。由于航高低，镜头焦距短，使得影像

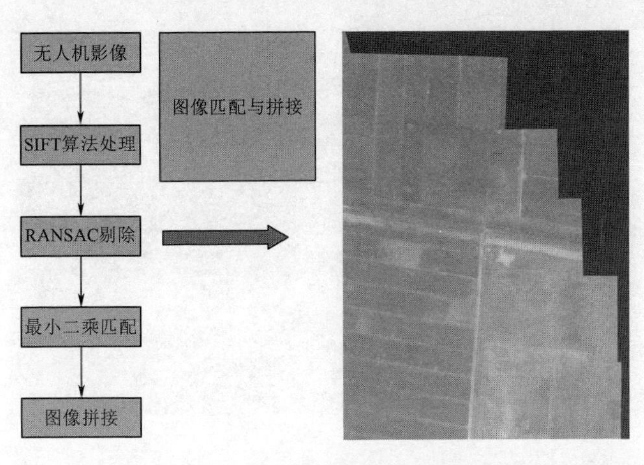

图 7-11 无人机遥感影像处理流程图

周边成像质量变差，有“房屋被推倒”的现象。经过对影像的逐个分析，再次对其进行裁剪，尽可能保留影像的中心部分。纠正后的影像再经色彩处理与拼接，利用同名点将遥感影像与地形图进行逐一配准，同时加入地理信息，完成影像的几何校正和地理定位。最终完成无人机遥感影像图的地理坐标配准。

采用面向对象的遥感处理软件，对经过影像后处理的无人机影像进行农作物病害信息提取。面向对象的信息提取思路，Feature Analyst（FA）4.2 for ArcGIS 提供了针对高分辨率影像的地物分类和信息提取算法，在数据分析处理时采用了机器学习技术，通过对光谱信息和空间几何关系的分析来实现数据的分类和特征的提取，可快速、高效地生产地理空间信息。如图 7-12 所示的 FA 信息提取病虫害异常结果，识别出了健康作物、轻微受损作物、严重受损作物和死亡作物。异常区的中心地理坐标被揭露与面积大小被测量出来，指导农民进行重点防治，避免了白洋淀地区的生态污染，保障了生态安全与食品安全，获得了较大的经济社会效益。

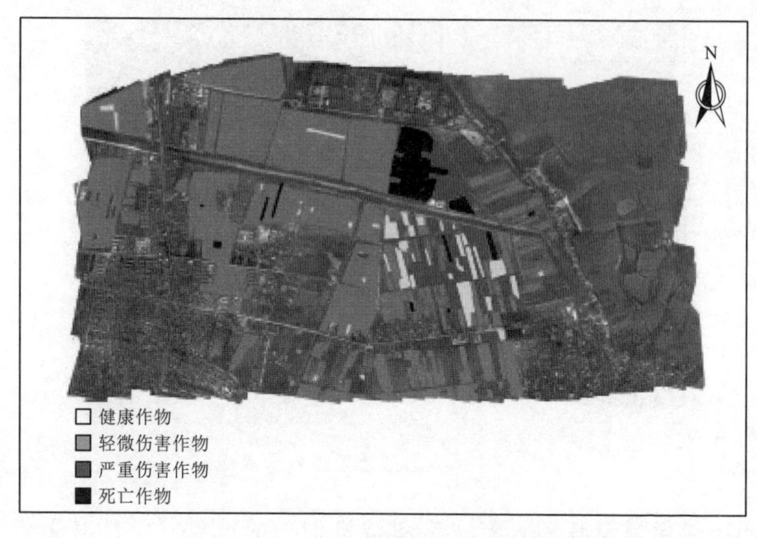

图7-12 FA信息提取病虫害异常结果

7.4 无人机遥感在农业灾损调查与保险损失核查中的应用

甘蔗产业是广西特色优势产业之一，种植面积和蔗糖产量一直稳居全国首位，目前广西甘蔗种植面积占全国70%以上，在我国食糖市场中占有重要的地位，同时对广西经济社会发展和农民群众脱贫致富发挥了十分重要的作用。广西有超过一半的县（市）种植甘蔗，有450多万贫困人口靠种蔗脱贫，2000多万蔗区人口直接从种植甘蔗中增加收入，糖业的税收占全区财政收入的13%～17%。近年来，极端气候事件频繁发生，台风、暴雨以及寒冻害等时常发生，甘蔗是受害最严重的作物之一，给蔗农生生产带来了不可估的损失。对甘蔗生产造成严重影响的气象灾害主要有低温霜冻冷害、台风以及洪涝，及时、准确地获取甘蔗灾情信息，对于甘蔗的灾损评估具有十分重要的意义。

传统的灾情调查需要组织相关领域的专家，进行实地调查、拍照、归类并根据经验进行灾情损失评估，工作强度大、时间周期长，而且调查范围有限，无法深入调查甘蔗灾损严重区域。利用遥感手段进行灾情调查，往往滞后性比较严重，受天气因素的影响，无法第一时间获取灾区卫星影像资料，影响灾情评估的准确性。近年来，由于无人机平台技术的成熟、微型传感器的不断研发以及航片处理商业软件的普及，无人机低空遥感系统逐渐成为低空遥感手段中最受研究者青睐的工具。

利用无人机遥感对甘蔗进行监测，相较于遥感具有如下优势：

（1）应急响应能力快。无人机重量轻、体积小、运载方便，能在灾害发生后快速地到达目标监测地区。

（2）应急状态下作业能力较强。灾害发生的环境较危险，救援人员无法到达，无人机能在此条件下对该区域的灾情信息进行采集。

（3）能够云下获取数据信息。无人机拥有光学遥感无法比拟的特质，能不受云层遮挡的影响获取数据。

（4）能保障人员安全作业。无人机由于没有飞行人员，采用地面控制方式，因此在执行任务时，保障了人员的安全。

（5）能低成本地获取影像。由于无人机的购置、运行成本较载人飞机、卫星低，日常维护简单，使得遥感数据的获取成本大大降低。无人机技术的飞速发展为甘蔗灾情调查提供了信息化的监测方法，基于无人机遥感的甘蔗灾害监测现已成为发展的热点和新的趋势。

2016 年 6 月 4—7 日，广西境内出现一次较强的降雨过程，其中桂林、柳州、河池、百色、贺州、来宾、南宁、贵港、梧州等市的部分地区出现大雨到暴雨，局部大暴雨到特大暴雨或短时雷雨大风等强对流天气，广西其他地区中雨，局部暴雨。受此影响，扶绥双高基地甘蔗出现大面积的雨水浸泡，2016 年 6 月 8 日，利用四旋翼无人机对双高基地甘蔗受淹区域进行航拍灾情调查，对甘蔗受损区域进行灾损面积估算。

7.4.1 技术方法

(1) 无人机飞行航高设定为200m，对应地面像元分辨率0.15m，航片经Pix4Dmapper软件拼接处理后，形成幅宽1.2km×1.2km的蔗区航拍正射影像[图7-13 (a)]；图7-13 (a) 中，绿色植被以甘蔗为主，局部区域有林地；暴雨后的淹没区在航拍图中呈淡黄色显示；利用ENVI软件的非监督分类，提取航拍区域内甘蔗种植信息以及雨水淹没区域[图7-13 (b) 和图7-13 (c)]，经统计：样区范围内甘蔗种植面积达到106km^2，其中，甘蔗受灾区域面积达到7km^2，占监测区甘蔗总面积的6.4%。

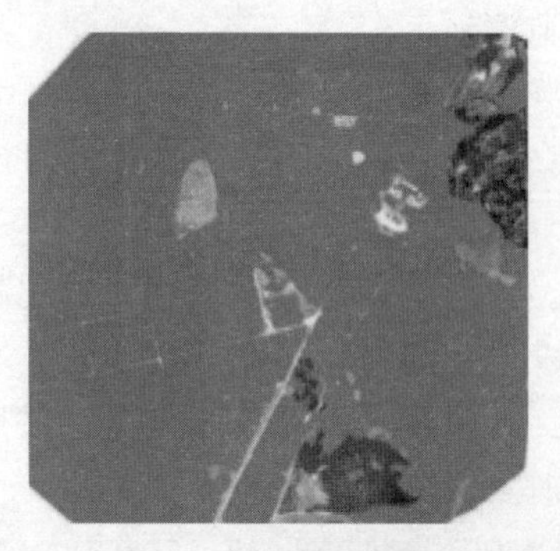

(a) 洪涝航拍影像图

(b) 甘蔗分布图

(c) 雨水淹没区

图7-13 航拍样区甘蔗灾情监测图

（2）甘蔗定期定点观测。技术人员通过对扶绥甘蔗双高基地进行定点定期的航拍监测，形成甘蔗生长期内完整的影像图集，探索航拍影像在甘蔗长势监测中的应用，同时，也可以为灾情监测提供灾前灾后的影像数据集。图 7-14 为 2016 年度的定期航拍影像，日期分别为：2016 年 5 月 17 日、2016 年 8 月 5 日、2016 年 9 月 29 日、2016 年 10 月 21 日及 2016 年 11 月 17 日，共 5 幅影像。观测区域在暴雨过后形成大范围的积水区，通过后期持续的观测发现，该区域甘蔗受积水影响，甘蔗大面积受损，11 月 17 日的观测影像中，受灾区域逐渐形成裸地，甘蔗绝收。

（a）2016年5月17日　（b）2016年8月5日

（c）2016年9月29日　（d）2016年10月21日

图 7-14（一）　扶绥县甘蔗双高基地暴雨灾情定期观测图

（e）2016年11月17日

图 7-14（二）　扶绥县甘蔗双高基地暴雨灾情定期观测图

7.4.2　结果分析

（1）台风灾害调查。2016 年 10 月 18—20 日，台风“莎莉嘉”对广西造成极大的影响，是 1949 年以来 10 月在广西沿海登陆的最强台风，具有正面袭击广西、风雨范围广、局地降雨强度大的特点。极强的降雨过程导致局部地区发生渍涝灾害。为及时了解“莎莉嘉”对甘蔗种植生产的影响，台风过后的 21 日上午立即对“甜蜜之光”部分园区进行了无人机遥感监测：累计飞行 6 架次，航拍区域范围 2200m × 1000m，正射影像总面积约 $220km^2$（图 7-15）为了高精度地提取甘蔗倒伏区域分布信息，通过目视解译的方法，分析正射影像图中甘蔗及其受灾区域的面积分布信息：甘蔗面积总面积 $172km^2$，调查区甘蔗以轻度—中度倒伏（蔗茎与地面夹角大于 50°）为主，倒伏面积 $113km^2$，约占调查区甘蔗面积的 65.8%，由甘蔗倒伏细节图分析可知，此次台风在当地主风向为北风。通过获取的无人机影像结合地面调查，对台风引起的甘蔗倒伏情况有了初步的了解。

（2）灾后恢复调查。为进一步了解甘蔗倒伏后的恢复情况及其可能影响，技术人员于 2016 年 11 月 3 日，再次对重点倒伏区域进行了无人机遥感监测，此次监测面积约 $167km^2$。通过前后两期影像对比分析可知，受灾区域倒伏的甘蔗已基本恢复直立状

图 7-15 航拍影像图及其地物类型识别图

态（图 7-16），由于此次台风影响时间短，只要继续加强田间管护，台风对甘蔗的生长发育影响有限。

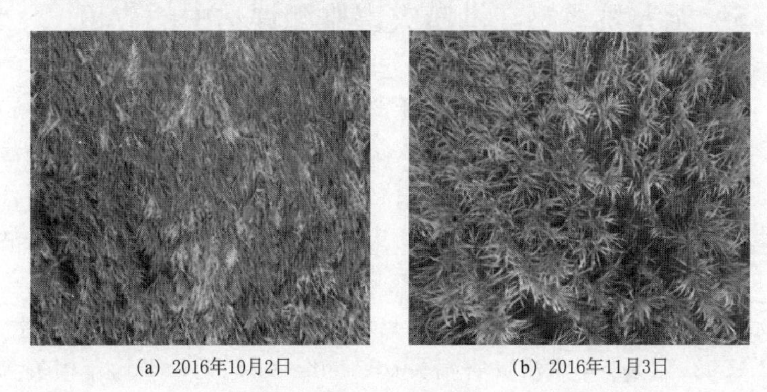

图 7-16 甘蔗倒伏恢复调查局部对比影像

7.4.3 总结

（1）利用大疆四旋翼无人机搭载 CCD 数码相机，对甘蔗常见的暴雨和台风灾害进行监测和损失评估，取得了较好的实际应用效果，能够有效提升广西甘蔗灾害的预警监测水平。

（2）目前，无人机平台的载荷往模块化、小型化的方向发展，单一的无人机平台可以按照实际任务的需求，搭载不同的载荷模块；在后续的研究中，我们利用大疆四旋翼无人机平台，搭载多光谱相机，对扶绥双高基地甘蔗进行了逐月定点观测，构建了甘蔗的无人机航拍植被指数数据集，探讨无人机在甘蔗寒冻害和病虫害等方面的应用。

（3）四旋翼无人机平台受制于动力、气动布局等因素，具有航程短、速度慢、飞行时间短等缺点，无法满足大面积的灾情监测需求；近年来，由于技术的进步，复合四旋翼无人机逐渐兴起，它综合了四旋翼飞行器的垂直起降能力和固定翼飞机的效率、速度和航程优势，可以做到任意地点完成自动起飞和降落、自动规划航拍飞行路线，单次飞行可以观测数十平方公里的区域，满足大区域范围的灾情监测与评估，是未来无人机灾情监测的发展趋势。

7.5 无人机遥感在洪涝灾害监测评估中的应用

洪涝灾害是对人类生活影响巨大的灾害之一，发生频率高，影响范围广，每年造成大量的人员伤亡和财产损失。每年因洪涝灾害造成的直接经济损失达数百亿元，尤其进入 20 世纪 90 年代后，其损失更呈上升趋势，洪涝灾害已成为我国实现可持续发展的严重障碍（张业成，1999；崔鹏，2014）。据中国水旱灾害公报统计，1950—2015 年几乎每年都有不同程度的洪涝灾害发生，仅 1998—2015 年洪涝灾害损失达 27699.39 亿元，平均年损失为 1398.48 亿元；自 20 世纪 90 年代以来，我国平均每年约有 40％的自然灾害损失由洪水及其次生灾害造成，致死人口约占因灾死亡总人口的 60％；在 2010—2016 年间，全国发生的山洪灾害已高达 1 万多起，年均死亡或失踪 800 多人（Liu et al.，2017；秦大河等，2015；水利部，2017）。

在全球变暖背景下，我国洪涝灾害的年际和年代际变化更加明显（黄荣辉等，2010）。针对洪涝灾害场景的不同，可分为流域性洪水、溃堤溃坝以及城市洪涝等（James et al.，2016；Sun et al.，2012）。流域性洪水的特点为：流域内多数支流普遍发生洪水；干支流、上下游洪水发生遭遇；中下游干流洪水水位高、历时长。1954 年长江洪水和 1998 年中国特大洪灾即为典型的流域性洪水（程海云等，2008）。与流域性洪涝灾害场景相比，溃堤溃坝场景范围较小，但由于其上游通常为高水位蓄水库或河道，一旦堤坝发生溃决，将对下游所造成巨大的生命和财产损失。城市洪涝灾害致灾因子众多，包括持续的强降雨、复杂的城市下垫面及脆弱的城市排水系统等。由于人类活动的广泛影响，气候与环境的变化日趋加剧，全球气候异常更加明显，气候变化严重威胁了自然生态系统和社会经济系统，导致环境、资源承载力发生变化，有些变化是难以恢复甚至不可恢复的，同时给人类生命财产安危带来极大的危害，已经成为世界各国国民经济和社会发展的重要制约因素。

近年来，随着人口增长、城市化快速推进、社会经济高速发展、全球气候变化、人类活动对自然环境的负面效应逐渐显现等因素，导致了洪涝灾害的产生或诱发的其他灾害，这在全世界范围内都造成了巨大的灾难，已经成为社会可持续发展的重要制约因素之一（崔鹏等，2015；何秉顺，2019）。洪涝灾害具有突发性强、危害性大、预见期短等特点，因此，面对日益严峻的形势，如何利用先进科学技术进行洪涝灾害监测和洪涝灾害的淹没区范围快速提取，及时为洪涝灾害应急救援工作提供强有力的评估和信息支撑，从而加强洪涝灾害的监测和应急救援工作，提高防灾减灾效率，已经成为政府和科研学者们迫切需要解决的难题，这些将与国家的长期稳定发展和广大人民生命财产安危的保障休戚相关。这对我国治灾防灾、提高灾情评估能力、高效有序地指挥抗洪救灾工作、对资源调配救援和科学决策水平工作具有重要意义，从而增强国家应对突发性自然灾害的应急响应能力。

7.5.1 洪涝灾害监测手段

洪涝灾害具有突发性特点，并且灾害形势复杂多变，单一使用传统的地面调查和统计等手段很难及时获取洪水的动态信息，造成应急救援救助的难度非常大（李素菊等，2017）。遥感技术数据获取成本低，并能大范围的监测灾害信息，因此在洪涝灾害的监测中得到广泛应用（张薇等，2012；魏成阶等，2000；Brivio et al.，2002）。但洪涝灾害的突发性特点与卫星过境周期的矛盾，使得以卫星遥感技术为主的洪涝灾害监测受限。基于无人航空器平台的洪涝灾害监测突破了以上限制，它飞行时间自由，可多角度的从空中拍摄洪涝区，并把受灾情况和水文信息实时地传输给地面工作人员。它可单独对洪涝灾害进行监测，也可成为卫星遥感监测的有效补充手段，可将洪涝灾区遥感影像与基础地理、灾情信息等数据相结合，对洪涝灾害的发生范围、变化情况进行全方位的实时监控，获取及时、客观、准确的洪涝灾情信息，是抗灾减灾工作中必不可少的重要环节，可迅速评估灾害造成的损失，判断灾情发展的态势，及时派出救援组织进行灾区的应急救援工作，无人机遥感成为不可或缺的技术支撑手段，这对洪涝灾害的抗灾减灾与应急救援意义重大（Smith，1997；Kaku et al.，2015）。

7.5.1.1 卫星遥感

卫星遥感监测洪水主要是通过传感器接收水体所反射的电磁波谱，然后根据遥感影像上水体的波谱特征来识别与提取洪水水体（莫伟华，2006）。目前用于洪水监测的遥感卫星主要有Landsat TM、ETM＋、SPOT、NOAA/AVHRR、EOS/MODIS、Radarsat SAR等，而我国已经基本形成由低、中、高分辨率，光学和雷达多种类型载荷组成的卫星体系。其中中国静止轨道卫星高分四号，一天数次对地进行观测，空间分辨率达50m，主要对水体动态以及地表植被状况进行观测；中等分辨率的陆地资源卫星，几天到十几天对关注地区观测一次，空间分辨率从几米到几十米，主要解决对资源的普查和地表要素的观测与反演问题。通过高分辨率观测卫星，需要数十天重复观测一次，可完成对地表对象的详查和大尺度的地表要素观测。我国洪涝遥感监测主要卫星数据源见表7-2（陈德清，2018）。

表 7-2 我国洪涝遥感监测主要卫星数据源

类别	卫 星	光谱类型	空间分辨率/m	重访周期	幅宽/km
静止卫星	高分四号	光学	50	15min	400
雷达卫星	高分三号	雷达	1～500	3d	5～650
	哨兵一号	雷达	5～40	12d	80～400
	遥感系列卫星	雷达	3～100	1d	100
中分辨率光学卫星	高分一号宽幅	光学	16	4d	800
	高分六号宽幅	光学	30	4d	1000
	环境减灾卫星 AB 星	光学	30	4d	1000
高分辨率光学卫星	高分二号	光学	0.8	69d	45
	高分一号多光谱 ABC 星	光学	2	41d	60
	北京二号	光学	1	1d	23.5

7.5.1.2 无人机遥感

虽然卫星遥感覆盖面广，但是由于洪涝灾害的突发性特点与卫星过境周期的矛盾，且卫星遥感的运行轨道高、重访周期长、易受天气影响等特点，难以对洪涝灾害进行实时密集的观测；而有人机航空遥感则存在调度难、成本高，且在极端天气下高风险的缺陷，不能对灾后的应急救援提供及时、准确、全面的信息；基于地面观测变量的洪涝监测主要基于水位或降雨量等的阈值过滤，方法本身的普适性和扩展性均较差（孙杰等，2003)。因此，迫切需要寻求一个承上启下的中间力量，作为卫星遥感、载人航空遥感和地面监测的补充手段。

近年来，随着对地观测技术的不断发展，无人机遥感技术突起（崔红霞等，2005；雷添杰等，2011)。无人机可搭载多种传感器，能同时获取激光点云数据、航拍数据、影像数据等（尹鹏飞等，2010；马泽忠等，2011)。对于洪涝灾害光学传感器可以探测地球表面在可见光和红外波段反射或发射的能量，因此对于不受云、树木和遮挡的地方，在无人飞行器上搭载高分辨率可见/红外相机，对洪涝灾区的淹没范围进行快速提取，可以有效地进行对比，及时掌握汛情的动态发展状况，明确其变化的规律与现状，对提高灾情调查和监测的水平和效率，获取直观的、实时动态的灾区灾情有巨大帮助；对于洪水的纵向特征——水位和水深的监测也是十分必要的，航拍图像上的许多点都潜在的包含了各自的水力状态信息，并按照相应的数据对不同地形的灾害状况进行分析，说明基于无人航空器监测洪水水位的可行性。

当前，无人机还可以搭载生命探测仪，用于灾害现场搜索生命特征，常见的生命探测仪有声波振动探测仪、红外生命探测仪、雷达生命探测仪等。传统搜救模式是救援人员携带生命探测仪近距离接触灾害现场进行救援工作，救援人员劳动强度大，且复杂、高危的地形对救援人员的行动造成一定的安全隐患。无人机搭载生命探测仪通过电池补给、多机替换巡查，行动速度快，抢救效率高，还能保障救援人员的人身安全，这对开展洪涝灾害的应急救援有重要贡献。

随着科学技术应用水平的不断提升，尤其是计算机技术与信息技术的发展，无人机遥感技术正处于高速发展阶段。无人机表现出数据获取机动灵活、实时迅捷、成本低、精度高、安全系数高等优势，以及近全天候全天时工作能力的优点，在国防军事、城市管理、生态环境监测、农业管理、工程建设、国土资源测绘、自然灾害应急监测等领域中起到了极大的帮助作用，有效提升了数据获取的便捷性和实时性（王福涛等，2011；王国洲，2010）。通过无人机搭载不同类型平台，回传的各类实时影像数据信息，与其他监测手段有较好的互补性，可组成星基、空基、地基结合的监测平台，能够进行复杂地形条件下的灾情及时评估，为抗灾救灾决策提供数据支持，成为当前洪涝灾害应急救援的重要手段。

7.5.1.3 地面终端

目前，洪涝灾害的地面观测主要以建立多个地面站的组网方式实现洪涝灾情数据的采集，实际上，这些采集站并非专门为收集洪涝灾情设立，而是以气象或水文、水利部门的地面观测网为基础开展调查工作。由于洪涝灾害空间分布具有多发、少发和不发等频度变化大的特性，局地突发性强，通常所布设的有限地面监测站点仅能代表局地点的信息，缺乏宏观性和代表性，难以满足洪涝灾害全空间区域的监测。尤其当洪灾暴发时，常常造成交通不畅、通讯中断或观测站点被破坏，人的生命也面临危险，使得灾情的空间分布信息无法及时获取，给灾情的实时监控带来盲区。

7.5.2 基于无人机遥感技术的洪涝灾害应急救援

20 世纪 80 年代以来，无人机技术的快速发展为低空遥感技术提供了全新的发展平台，无人机遥感成为各种自然灾害应急救援的急先锋。如何准确进行洪涝灾害灾区的应急救援工作，首先需要对洪涝灾害受灾体进行信息提取，提取对象主要包括灾区的房屋构筑物、道路、农田损毁等，可采用的方法包括遥感图像计算机分类、面向对象自动识别、数据挖掘等；然后，通过所获取灾害现场第一手资料，及时对灾害发生情况、影响范围、受困人员与财产、交通情况与潜在次生灾害进行实时情况调查，帮助救援人员及时掌握灾区最新情况，为指挥部制定高效救援方案提供技术支持，满足洪涝灾害应急响应的能力。

基于洪涝灾害应急管理业务需求，开展基于无人航空平台与多传感器集成的关键技术应用研究，重点解决洪涝灾害快速监测与灾情评估的技术瓶颈，通过软件系统与技术装备集成，搭建防汛抗旱应急管理业务示范平台，通过典型区示范应用形成洪涝应急管理业务示范基地，为加强我国防汛应急管理能力建设提供技术支撑。基于无人机遥感的洪水监测与评估技术流程如图 7－17 所示。

7.5.2.1 多源数据集成与管理关键技术研究方法

洪涝灾害的快速监测与评估及决策分析需要大量的数据，包括实时工水雨情数据、水利工程数据、DEM、社会经济数据（人口、房屋、耕地、GDP 等）、高分辨率卫星与无人机遥感

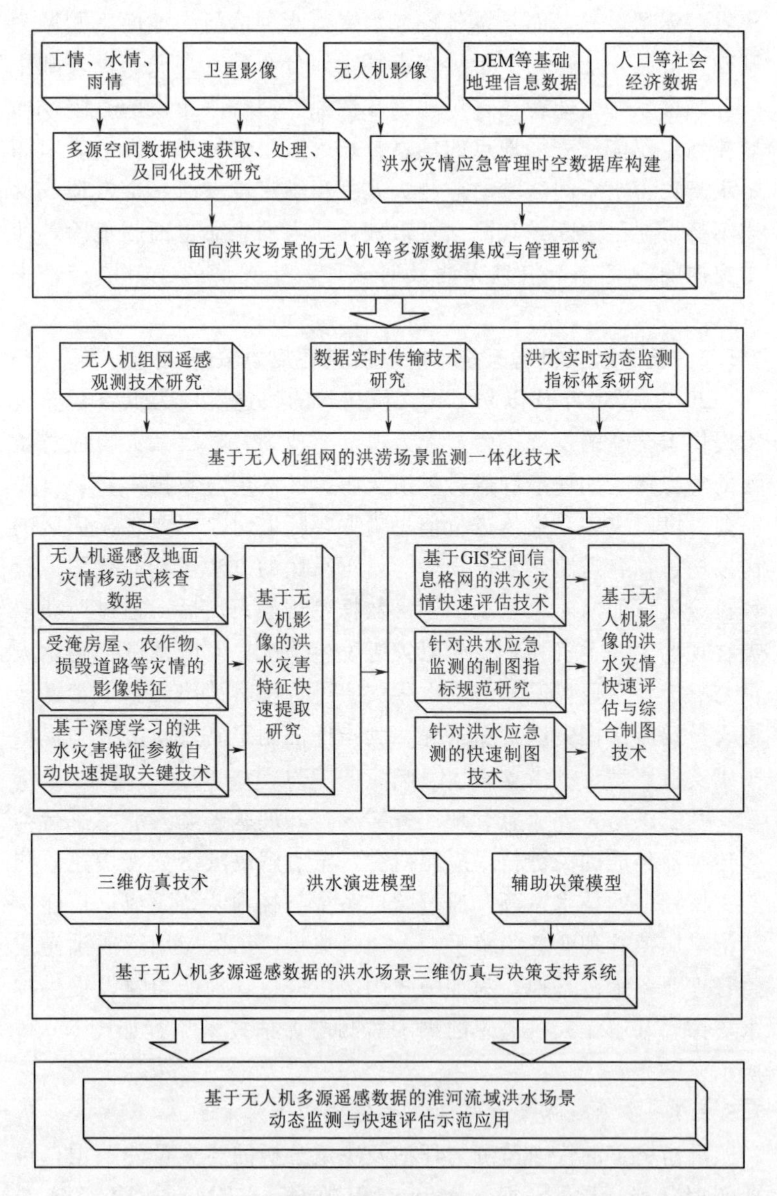

图 7－17　基于无人机遥感的洪水监测与评估技术流程图

影像，这些数据源在格式上、投影上、空间分辨率等方面存在着巨大的差异。结合卫星遥感与地面观测数据，研究无人机多源遥感采集数据融合、多源遥感现场观测数据及与气象水文等观测数据的同化方法，构建面向洪水应急管理的防汛背景及专题时空数据库，重点研究现场观测数据及防洪专题数据的应急管理技术，有效解决多源多尺度的处理、融合、同化、存储和管理等问题，综合开展面向洪涝灾害应急管理的多源信息集成与管理的关键技术研究。

7.5.2.2 无人机组网的洪涝场景动态监测一体化技术研究

耦合洪水过程模型与无人机遥感洪涝信息反演模型，对洪涝信息进行高时间分辨率动态监测。通过长时间序列的水深、淹没面积数据，提取每个网格承灾体的淹没时间。快速识别蓄滞洪区的地形、地貌、水库、堤防险工险段，基于现场应急指挥通信车或卫星无人机中继传输等方式实时传递现场信息，监视洪水险情发展动态，建立基于无人机多源数据一体化的洪涝实时动态监测指标体系。以洪涝灾害发生前期与中期的微波雷达数据及多光谱可见光数据为基础，结合农田洪涝调查数据、GPS 测高数据、水深及光谱测量数据和无人机 DEM 地形数据，通过水体范围提取、水深光谱提取、淹没区与内涝区提取，然后利用水面高程测算模型及水深光谱反演模型，定量反演出承灾体淹没区与内涝区的水深。

7.5.2.3 洪涝多承灾体信息快速自动反演方法研究

洪涝灾害承灾体信息提取的对象主要包括灾区的人口、房屋构筑物、生命线工程，农田损毁、地表植被及生态环境变化等。可采用的方法包括遥感图像计算机分类、面向对象自动识别、数据挖掘等。在分析洪涝灾害特征的基础上，拟采用面向对象的房屋倒塌、公路损毁、地表植被等信息提取方法，充分考虑对象和周围环境之间的联系，借助基于专家知识的典型特征目标知识库，开发面向洪涝灾害特征的训练样本特征集，发展基于机器深度学习的洪涝灾害特征参数面向对象自动快速提取关键技术。基于地面灾情移动式核查数据源，开展洪涝灾害反演信息特征的验证工作。

7.5.2.4 洪涝灾情快速评估与综合制图技术

基于上述研究获取的洪涝水深、淹没面积、淹没时间、人口与居民地、耕地分布等数据，定量评估洪涝灾害引起的人口、耕地受淹面积及房屋、桥梁道路损毁情况。研究洪涝灾害房屋倒塌判别、桥梁道路损毁、受灾人口空间分析、耕地损失评估等技术，通过对多源数据的分析，洪涝多承灾体信息快速自动反演方法发展基于无人机遥感的洪涝灾害主要承灾体损失快速自动评估方法。发展多种承灾体损失的空间集成技术，定量评价区域洪涝灾害损失及其空间格局。同时针对洪涝灾害监测和评估的特点，研究针对洪涝应急监测的制图指标等规范，发展制图模型固化和快速制图技术，研制面向不同洪涝承灾体的制图模板。

7.5.2.5 洪涝场景动态演进模拟与三维仿真决策系统

基于多传感器的无人机与应急指挥车及地面灾情移动式核查等现场数据采集平台、卫星和地面观测数据及工情、水情、气象等数据库，利用GIS技术、计算机三维仿真技术、网络技术、数据库技术等构建洪涝灾害动态演进模拟与三维仿真决策系统，开发洪涝灾害信息的可视化、快捷查询技术，标准化、批量化、网络化的实时监测预警与评估技术，以及多样化的数据输出和监测产品的制图表达技术，研发基于组件对象模型的建模技术，研究遥感监测模型、水文过程监测模型以及损失评估模型的软件实现方案。构建以云计算平台为基础的洪涝场景动态演进模拟与三维仿真决策系统，模拟场景上展示防汛物资仓库分布、撤退路线分布等信息、防汛应急预案等信息，研发方便决策者管理和查询等辅助决策模型。同时，将选择淮河流域作为典型试验区域，选择淮河流域典型洪涝事件利用研发的洪涝场景三维仿真与决策支持系统开展场景模拟监测与灾情信息分析应用示范。

依据洪水、洪灾与抢险救灾的时空特点，基于可见光、红外、Lidar、微波、高光谱等不同载荷和无人机平台集成技术等现场数据采集平台获取DEM、水深、淹没范围等洪涝信息，人口居民地及房屋、道路和桥梁等损毁灾情信息，通过卫星、现场应急指挥通信车实时传回防汛指挥中心，形成整体宏观监测与局部定点监测，使防汛指挥部得以及时掌握汛情，便于进行救灾物资调度及确定调度路线与规模，调配人力参加防汛救灾，为洪涝灾害应急救援工作提供强有力的信息支撑。提供0～500km^2不同区域范围的高清监测视频、可见光、热红外及雷达正射与倾斜影像。飞机起飞响应时间优于2h，获取时间为2～3h，重点区域不同间隔重复巡航监测或悬停航拍，空间分辨率为0.05～0.2m，影像处理时间为2～3h，洪涝监测信息提取时间为2～3h。不同洪涝场景动态监测与评估载荷平台需求见表7-3。

7.5.3 无人机遥感洪涝灾害应用案例

为了确定溃堤的位置和规模，以便进行及时封堵，选取空间分辨率为1m的北京二号卫星和低空无人机遥感系统拍摄的高分辨率影像，对江西省鄱阳县的洪涝灾害进行了精准分析。6月22日，根据卫星遥感数据确定了鄱阳县古县渡镇向阳圩河堤溃口造成的淹没区范围，如图7-18所示。红色范围分别为6月22日和6月23日因向阳圩河堤溃口造成的洪水淹没区，分别为8.85km^2和6.98km^2。依据卫星影像确定溃口位置后，无人机遥感技术作为航空遥感技术、航天遥感技术的有效补充，能更清晰展示溃口信息，有利于灾情信息的进一步获取。北京二号卫星和无人机遥感技术分别获取的向阳圩河堤溃口位置如图7-18所示，由图7-18可知，无人机遥感技术比卫星影像提供了更加准确详细的溃口信息。因此，在卫星影像快速定位溃口信息后，使用无人机遥感技术进行后续灾情信息获取更为精准。

据官方报道称，古县渡镇向阳圩河堤20日溃口处宽度约100m，在确定溃口位置后于22日开始实施人工施工封堵，23日溃口宽度约为34.7m（地面调查数据为34m），并于24日最终完

表 7-3 不同洪涝场景动态监测与评估载荷平台需求表

序号	应用场景	场景描述	内容	观测指标	参数需求
1	流域洪涝灾害	满足 0～500km² 流域范围内洪涝灾害动态监测与灾情快速评估的需要，主要监测洪水动态演进，获取 DEM、水深、淹没范围等洪涝信息，居民地及房屋、道路和桥梁等损毁灾情信息，满足实时防洪会商决策需要。需要高清监测视频、可见光、热红外及雷达正射影像与DEM，轻小型无人机平台，飞机起飞响应时间优于 2h，获取时间 2～3h，空间分辨率 0.05～0.2m，影像处理时间 2～3h，洪涝监测信息提取 2～3h	载荷	地形(DEM)、居民地及房屋、道路和桥梁、水深、淹没范围	(1) 高清监测视频相机：实现 720°全景视觉，5K 级全景视频，可满足 14.5～300mm 焦距的拍摄需求，采集分辨率 2000×1500×83000 万像素，重量小于 5kg； (2) 轻小型 SAR 工作波段为 X 与 Ku，工作模式为高分辨率条带/干涉/全极化，分辨率优于 0.3，绝对高程精度优于 1.5m，幅宽 500m～6km，重量不超 5kg； (3) 轻量化高精度宽覆盖航空测绘相机、轻量化高分辨率航空光学遥感相机 5000 万～1 亿级像素分辨率，地面幅宽 500m～6km，以获取满足 1∶500、1∶1000、1∶2000 成图比例尺高分辨率影像，重量不超 3kg； (4) 高精度轻量化激光雷达载荷：扫描视场：90°～180°，激光测距距离 5～1000m，扫描频率 200 线/s，激光雷达扫描精度俯仰/翻滚角精度 0.015°、航向角精度 0.03°，激光点云密度不少于 5 个/m²，测距精度优于 10cm； (5) 红外＋可见光＋SAR 组合一体化成像，获取同一区域不同任务载荷的红外、可见光与雷达影像，满足不同的应用需求，重量不超 20kg； (6) 共需要 10 套载荷

续表

序号	应用场景	场景描述	内容	观测指标	参数需求
1	流域洪涝灾害	满足 0～500km^2 流域范围内洪涝灾害动态监测与灾情快速评估的需要，主要监测洪水动态演进，获取 DEM、水深、淹没范围等洪涝信息，居民地及房屋、道路和桥梁等损毁灾情信息，满足实时防洪会商决策需要。需要高清监测视频、可见光、热红外及雷达正射影像与 DEM，轻小型无人机平台，飞机起飞响应时间优于 2h，获取时间 2～3h，空间分辨率 0.05～0.2m，影像处理时间 2～3h，洪涝监测信息提取 2～3h	平台		轻小型无人机（1.5h），任务载荷不小于 5kg；具有一定抗风雨能力，中雨级别，6 级以上风力；作业高度 200～1000m，具有高精度轻量化 POS、高稳定大负载稳定平台，地面站测控距离 10～20km
			组合观测		根据巡航速度、成像幅宽、作业时间，需要 6～15 架无人机组网观测，高清视频、可见光、热红外及雷达原始影像实时传速，传输带宽不小于 10MB/s，图像传输距离优于 30km，卫星＋无人机＋系留浮空器平台＋地面通讯指挥车组合传输
			数据系统		实时处理，正射处理时效优于 4h（作业面积 100km^2），倾斜处理时效优于 4h（作业面积小于 40km^2），正射影像精度优于 0.1m，DEM 精度优于 0.2m
			应用系统		影像融合模块、信息提取模块、灾情快速评估模块、快速制图模块、辅助决策仿真

续表

序号	应用场景	场景描述	内容	观测指标	参数需求
2	小流域山洪涝灾害	满足0～200km² 小流域山洪涝灾害动态监测与灾情快速评估的需要，获取DEM、水深、淹没范围等洪涝信息，人口、居民地及房屋、道路和桥梁等损毁灾情信息，满足实时防洪会商决策需要。需要高清监测视频、可见光、热红外及雷达正射影像与DEM，轻小型无人机平台，飞机起飞响应时间优于2h，获取时间2～3h，空间分辨率0.05～0.2m，影像处理时间2～3h，洪涝监测信息提取2～3h	载荷		（1）高清监测视频相机：实现720°全景视觉，5K级全景视频，可满足14.5～300mm焦距的拍摄需求，采集分辨率2000×1500×8 3000万像素，重量小于5kg； （2）轻小型SAR工作波段为X与Ku，工作模式为高分辨率条带/干涉/全极化，分辨率优于0.3，绝对高程精度优于1.5m，幅宽500m～6km，重量不超5kg； （3）轻量化高精度宽覆盖航空测绘相机、轻量化高分辨率航空光学遥感相机5000万～1亿级像素分辨率，地面幅宽500m～6km，以获取满足1：500、1：1000、1：2000成图比例尺高分辨率影像，重量不超3kg； （4）高精度轻量化激光雷达载荷：扫描视场：90°～180°，激光测距距离5～1000m，扫描频率200线/s，激光雷达扫描精度俯仰/翻滚角精度0.015°、航向角精度0.03°，激光点云密度不少于5个/m²，测距精度优于10cm； （5）共需要6套载荷
			平台		轻小型无人机（1.5h），任务载荷不小于5kg；具有一定抗风雨能力，中雨级别，6级以上风力；作业高度200～1000m，具有高精度轻量化POS、高稳定大负载稳定平台，地面站测控距离10～20km

续表

序号	应用场景	场景描述	内容	观测指标	参数需求
2	小流域山洪涝灾害	满足 0～200km² 小流域山洪涝灾害动态监测与灾情快速评估的需要，获取DEM、水深、淹没范围等洪涝信息，人口、居民地及房屋、道路和桥梁等损毁灾情信息，满足实时防洪会商决策需要。需要高清监测视频、可见光、热红外及雷达正射影像与DEM；轻小型无人机平台，飞机起飞响应时间优于 2h，获取时间 2～3h，空间分辨率 0.05～0.2m，影像处理时间 2～3h，洪涝监测信息提取 2～3h	组合观测		根据巡航速度、成像幅宽、作业时间，需要 6 架无人机组网观测，高清视频、可见光、热红外及雷达原始影像实时传速，传输带宽不小于 10MB/s，图像传输距离优于 20km，卫星＋无人机＋系留浮空器平台＋地面通讯指挥车组合传输
			数据系统		实时处理，正射处理时效优于 3h（作业面积 60km²），倾斜处理时效优于 4h（作业面积小于 40km²），正射影像精度优于 0.1m，DEM 精度优于 0.2m
			应用系统		影像融合模块、信息提取模块、灾情快速评估模块、快速制图模块、辅助决策仿真

续表

序号	应用场景	场景描述	内容	观测指标	参数需求
3	重点区域持续洪涝灾害	满足 0～100km^2 流域范围内洪涝灾害动态监测与灾情快速评估的需要，获取 DEM、水深、淹没范围等洪涝信息，居民地及房屋、道路和桥梁等损毁灾情信息，满足实时防洪会商决策需要。需要高清监测视频、可见光、热红外及雷达正射影像与 DEM，轻小型无人机＋系留浮空器平台，飞机起飞响应时间优于 2h，获取时间 2～3h，重点区域不同间隔重复巡航监测或悬停航拍、空间分辨率 0.05～0.2m，影像处理时间 2～3h，洪涝监测信息提取 2～3h	载荷		（1）高清监测视频相机：实现 720°全景视觉，5K 级全景视频，可满足 14.5～300mm 焦距的拍摄需求，采集分辨率 2000×1500×8 3000 万像素，重量小于 5kg； （2）轻小型 SAR 工作波段为 X 与 Ku，工作模式为高分辨率条带/干涉/全极化，分辨率优于 0.3，绝对高程精度优于 1.5m，幅宽 500m～6km，重量不超 5kg； （3）轻量化高精度宽覆盖航空测绘相机、轻量化高分辨率航空光学遥感相机 5000 万～1 亿级像素分辨率，地面幅宽 500m～6km，以获取满足 1∶500、1∶1000、1∶2000 成图比例尺高分辨率影像，重量不超 3kg； （4）高精度轻量化激光雷达载荷：扫描视场：90°～180°，激光测距距离 5～1000m，扫描频率 200 线/s，激光雷达扫描精度俯仰/翻滚角精度 0.015°、航向角精度 0.03°，激光点云密度不少于 5 个/m^2，测距精度优于 10cm； （5）需要 5 个高分辨率航空光学遥感相机组合 1 套进行倾斜摄影，重量不超过 5kg，其他传感器共需要 5 套载荷

续表

序号	应用场景	场景描述	内容	观测指标	参 数 需 求
3	重点区域持续洪涝灾害	满足 0～100km^2 流域范围内洪涝灾害动态监测与灾情快速评估的需要，获取 DEM、水深、淹没范围等洪涝信息，居民地及房屋、道路和桥梁等损毁灾情信息，满足实时防洪会商决策需要。需要高清监测视频、可见光、热红外及雷达正射影像与 DEM，轻小型无人机＋系留浮空器平台，飞机起飞响应时间优于 2h，获取时间 2～3h，重点区域不同间隔重复巡航监测或悬停航拍，空间分辨率 0.05～0.2m，影像处理时间 2～3h，洪涝监测信息提取 2～3h	平台		轻小型无人机（1.5h），任务载荷不小于 5kg；具有一定抗风雨能力，中雨级别，6 级以上风力；作业高度 200～1000m，具有高精度轻量化 POS、高稳定大负载稳定平台，地面站测控距离 10～20km；留浮空器连续驻空时间不小于 7d，搭载任务载荷重量不小于 80kg，系统展开时间不超过 1h
			组合观测		根据巡航速度、成像幅宽、作业时间，需要 3 架无人机＋3 台系留浮空器组网观测，高清视频、可见光、热红外及雷达原始影像实时传速，传输带宽不小于 10MB/s，图像传输距离优于 20km，卫星＋无人机＋系留浮空器平台＋地面通讯指挥车组合传输
			数据系统		实时处理，正射处理时效优于 2h（作业面积 10km^2），倾斜处理时效优于 2.5h（作业面积小于 10km^2），正射影像精度优于 0.1m，倾斜影像精度优于 0.15m
			应用系统		影像融合模块、信息提取模块、灾情快速评估模块、快速制图模块、辅助决策仿真

续表

序号	应用场景	场景描述	内容	观测指标	参数需求
4	城市洪涝灾害	满足中等规模以上城市洪涝灾害动态监测与灾情快速评估的需要，获取DEM、水深、淹没范围等洪涝信息，居民地及房屋、道路和桥梁等损毁灾情信息，满足实时防洪会商决策需要。需要高清监测视频、可见光、热红外及雷达正射与倾斜影像、轻小型无人机+系留浮空器平台，飞机起飞响应时间优于2h，获取时间2～3h，重点区域不同间隔重复巡航监测或悬停航拍、空间分辨率0.05～0.2m，影像处理时间2～3h，洪涝监测信息提取2～3h	载荷		（1）高清监测视频相机：实现720°全景视觉，5K级全景视频，可满足14.5～300mm焦距的拍摄需求，采集分辨率2000×1500×8 3000万像素，重量小于5kg； （2）轻小型SAR工作波段为X与Ku，工作模式为高分辨率条带/干涉/全极化，分辨率优于0.3，绝对高程精度优于1.5m，幅宽500m～6km，重量不超5kg； （3）轻量化高精度宽覆盖航空测绘相机、轻量化高分辨率航空光学遥感相机5000万～1亿级像素分辨率，地面幅宽500m～6km，以获取满足1∶500、1∶1000、1∶2000成图比例尺高分辨率影像，重量不超3kg；需要5个高分辨率组合进行倾斜摄影，重量不超过5kg； （4）高精度轻量化激光雷达载荷：扫描视场：90°～180°，激光测距距离5～1000m，扫描频率200线/s，激光雷达扫描精度俯仰/翻滚角精度0.015°、航向角精度0.03°，激光点云密度不少于5个/m^2，测距精度优于10cm； （5）共需要6套载荷

续表

序号	应用场景	场景描述	内容	观测指标	参数需求
4	城市洪涝灾害	满足中等规模以上城市洪涝灾害动态监测与灾情快速评估的需要，获取DEM、水深、淹没范围等洪涝信息，居民地及房屋、道路和桥梁等损毁灾情信息，满足实时防洪会商决策需要。需要高清监测视频、可见光、热红外及雷达正射与倾斜影像、轻小型无人机＋系留浮空器平台，飞机起飞响应时间优于2h，获取时间2～3h，重点区域不同间隔重复巡航监测或悬停航拍、空间分辨率0.05～0.2m，影像处理时间2～3h，洪涝监测信息提取2～3h	平台		轻小型无人机（1.5h），任务载荷不小于5kg；具有一定抗风雨能力，中雨级别，6级以上风力；作业高度200～1000m，具有高精度轻量化POS、高稳定大负载稳定平台，地面站测控距离10～20km；留浮空器连续驻空时间不小于7d、搭载任务载荷重量不小于80kg，系统展开时间不超过1h
			组合观测		根据巡航速度、成像幅宽、作业时间，需要3架无人机＋3台系留浮空器组网观测，高清视频、可见光、热红外及雷达原始影像实时传速，传输带宽不小于10MB/s，图像传输距离优于20km，卫星＋无人机＋系留浮空器平台＋地面通讯指挥车组合传输
			数据系统		实时处理，正射处理时效优于2h（作业面积10km^2），倾斜处理时效优于2.5h（作业面积小于10km2），正射影像精度优于0.1m，倾斜影像精度优于0.15m
			应用系统		影像融合模块、信息提取模块、灾情快速评估模块、快速制图模块、辅助决策仿真

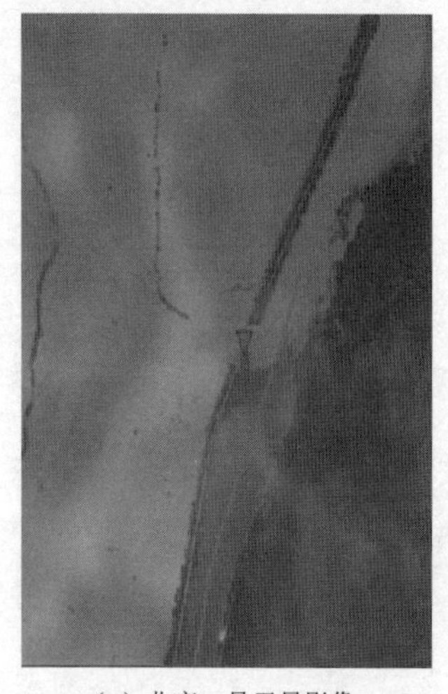
(a) 北京二号卫星影像

(b) 无人机遥感影像

图 7-18　鄱阳县古县渡镇向阳圩河堤溃口洪水淹没监测

成封堵任务，按照每日封堵长度为 33m 左右计算，可以证实遥感监测封堵精度高达 97%。表 7-4 为溃口宽度精度分析表，从表 7-4 中可以看出无人机作为卫星遥感和载人航天遥感不可或缺的补充手段，能满足应急救援获取精准灾情信息的实际应用需求。

表 7-4　　溃口宽度精度分析表

日期（年-月-日）	溃口宽度/m 遥感监测	地面调查溃口宽度/m	遥感监测精度/%
2016-06-20	未监测	100	
2016-06-22	65	67	97.01
2016-06-23	34.7	34	97.94

由上述可知，卫星遥感系统与无人机遥感系统相结合，能够更加快速、准确地监测出堤坝溃口区域实际情况。无人机作为不可或缺的遥感监测补充手段，具有针对重点区域应急监测与重复监测的能力，可重点调查洪涝区域堤防决口、房屋倒塌、道路桥梁受损生命线工程信息。这类信息的详细调查，可以弥补卫星遥

感技术由于天气、地形和分辨率等因素无法及时获取的缺陷。通过无人机遥感影像获取的详细损毁比例、损毁规模等精准灾情信息，对于及时采取有效的抢险救灾措施和估算抢险工期有着重要意义。

鄱阳湖区域发生洪涝灾害，以无人机航拍数据集为实验数据，局部影像如图 7－19 所示。首先，借助摄影测量相关软件对鄱阳湖区域无人机遥感影像数据集进行快速拼接，得到一幅完整的研究区域正射镶嵌影像。鄱阳湖洪涝灾害无人机正射镶嵌影像如图 7－20 所示，可以反映每个受灾地区的详细信息。

图 7－19　鄱阳湖洪涝灾害无人机遥感监测影像

图7-20　鄱阳湖洪涝灾害无人机正射镶嵌影像

图7-20能够获取宏观的鄱阳县灾情信息，开展一定的损失评估工作。然后，借助遥感处理软件对正射镶嵌影像的道路、房屋、农田等基础工程进行遥感解译，获取研究区域道路损毁状况、房屋倒塌状况、受影响耕地面积、防洪工程损毁状况等灾情信息。图7-21～图7-23分别为道路、房屋、受灾农田损毁情况遥感解译图。

在这次洪涝灾害中，江西鄱阳县是受灾最为严重的区域之一。将无人机遥感影像、航天遥感影像以及地面观测数据相结合进行灾情信息获取，评估结果发现水库垮坝2座、堤防决口共189处、水闸损毁37座。农业用地受洪涝灾害影响共61.8

图7-21　受灾道路无人机遥感解译

图7-22　受灾房屋无人机遥感解译

万亩，其中受灾面积 51.73 万亩、绝收面积 15.18 万亩。12 条公路因洪灾造成中断，冲毁涵洞 15 道，损坏桥梁 5 座。共 2.6 万栋农房受淹，其中倒塌近 300 间。初步统计房屋倒塌、农田淹没、道路及各种公共设施损坏，总损失人民币高达 3.7 亿元，其中农业损失 2 亿多元，并且该次洪涝灾害后，灾后重建工作也较为困难。

图 7-23　受灾农田无人机遥感解译

7.5.4　无人机遥感在山洪灾害中的应用案例

历史上，河南地区多次发生暴雨，暴雨会造成山洪灾害的发生，导致道路、农田、桥梁、电力、通信等发生不同程度损坏，危害性极大且不易防范。2001 年 7 月 21 日暴雨，造成 9 人死亡，倒塌房屋 119 间，冲毁堰坝 20km，农田受损 865 亩，造成经济损失 3000 万元。2007 年 7 月 29 日暴雨，造成农田受灾 17.9 万亩，倒塌房屋 918 间，直接经济损失高达 1.02 亿元。2010 年 7 月 24 日，降雨量高达 200mm，暴雨造成 68 人死亡，21 人失踪，多个乡镇不同程度遭到损害，472 处提防和堰坝损坏，1.37 万亩农田受到影响，直接经济损失 19.8 亿元。

当山洪灾害发生时，迅速启动国内遥感卫星数据获取机制和重大自然灾害应急监测无人机合作机制，对受灾地区实行应急监测，依靠获取的遥感影像，能迅速制作出灾区专题图，满足应急救援的实际需求。通过无人机拍摄获取栾川县受灾区域山洪灾害发生后的影像，可以掌握受灾区域实际地形信息、人口分布状况、经济状况、涉水工程以及山洪灾害防治现状等基础信息，为山洪灾害分析和防治提供准确基础信息。山洪灾害无人机遥感监测影像如图 7-24 和图 7-25 所示。图 7-26 和图 7-27 分别是根据受灾区域无人机影像数据集生成的数字高程模型（DEM）和字线画图（DLG）。

图7-24　受灾区域山洪灾害无人机遥感监测影像-1

图7-25　受灾区域山洪灾害无人机遥感监测影像-2

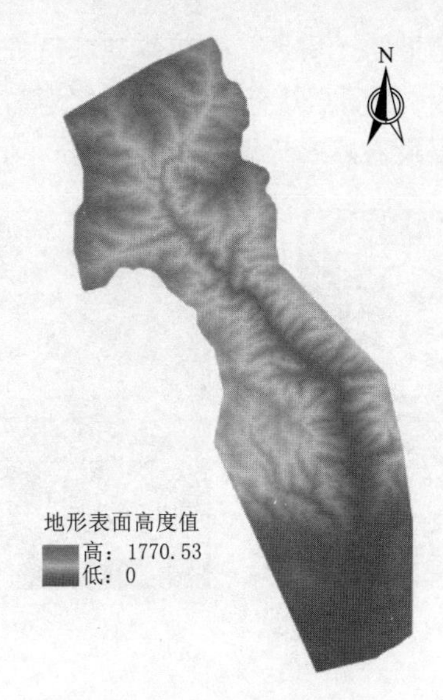

图 7 - 26　受灾区域小流域数字高程模型（DEM）数据

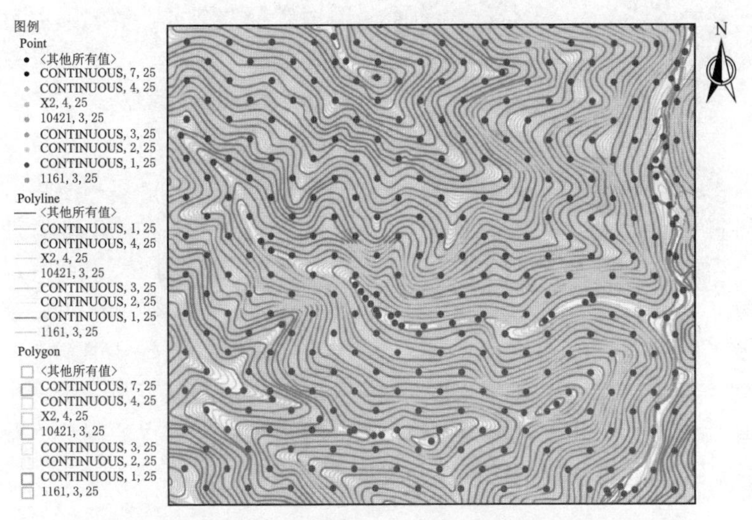

图 7 - 27　受灾区域山洪灾害无人机遥感监测影像数字线画图（DLG）

图 7 - 26 和图 7 - 27 能够获取宏观的受灾区域地形信息，满足灾情信息获取和开展一定的损失评估工作。然后，借助遥感数

据处理软件对灾区道路、房屋、农田等基础设施损毁情况进行遥感解译，图 7－28～图 7－30 分别为受灾区域局部区域山体滑坡、房屋倒塌、农田损毁遥感解译图。

图 7－28　山体滑坡遥感解译图

图 7－29　房屋倒塌遥感解译图

图 7－30　农田损毁遥感解译图

2010 年 7 月 23—24 日，河南省特大洪水，最大降雨量高达 350～400mm，受灾群众高达 24 万人，倒塌房屋 4797 多间，道路中断 308km，桥梁损坏 571 座，1.37 万亩农田受到影响，1.6 万 m 堰坝被冲毁，暴雨造成直接经济损失 19.8 亿元。在该次山洪灾害发生时，无人机高分辨率影像保证遥感解译后获取准确的滑坡区位置、道路影响范围、受灾房屋倒塌等生命线工程损毁灾情信息，对后续救灾方案的制订、救灾人员和救灾物资的调度分配发挥重要作用。

7.6　无人机遥感在干旱灾害监测评估中的应用

干旱是全球范围内影响面最广、造成经济损失最大，被认为是世界最严重的灾害之一，是制约农业发展的重要因素。我国是一个严重缺水的国家，农业用水超过了全国用水量的60%，玉米作为我国主要的农作物之一，其种植面积达到了0.2亿hm^2。在干旱半干旱地区，玉米种植主要依靠灌溉，而传统沟灌、漫灌等灌溉方式水资源利用率低，浪费严重。为降低玉米生产过程中的灌溉用水，提高水资源利用效率，需要在玉米种植领域推广滴灌、喷灌等高效节水灌溉技术。实时准确的监测大田尺度的玉米旱情可为节水灌溉技术的推广提供重要的信息支撑。

目前旱情监测方法主要有地面监测和遥感监测两种方式。地面监测主要通过地面传感器测量气象要素、土壤墒情、植物生理参数等进行旱情监测。地面监测方法存在仪器昂贵、空间代表性差、影响作物生长等问题，不适用于大田尺度下的旱情监测。遥感监测可以快速、无损地获取农田的旱情信息，在农业领域广泛应用。卫星遥感能够监测大面积旱情，但由于卫星遥感影像分辨率低、重访周期长、易受云层影响等缺点，易于造成数据缺失，无法满足高效节水灌溉技术对高时空精度的田间旱情信息的需求。无人机遥感是近年来发展起来的一种新兴低空遥感技术，具有成本低、操作简单、获取影像速度快、采集图像分辨率高、受大气因素影响较小等优势，弥补了卫星遥感的不足。现已广泛应用到环境监测、地质灾害检测与评估等传统技术难以实现的领域。随着无人机遥感平台和传感器小型化轻量化的发展，利用无人机遥感平台实时获取遥感数据已经成业内研究热点，发展迅速。

以旱区青贮夏玉米为试验对象，利用无人机遥感平台获取试验田青贮夏玉米多光谱和热红外数据，结合地面监测数据，分析不同生育期内青贮夏玉米干旱指数变化规律，建立土壤含水率和青贮夏玉米气孔导度反演模型并进行精度评价和模型验证。本研究可获取高时空精度的大田旱情信息，并尝试反演土壤含水率*SWC*（Soil watercontent）指导灌溉，反演夏玉米气孔导度*Gs*（Stomatal conductance）监测玉米生理状态，为高效节水灌溉技术的推广提供重要的信息支撑。

7.6.1　数据采集

1. 地面数据采集

陆气温差所需的地面数据为空气温度，本例用标准气象站测量空气温度。气象站由中国河北清易电子科技有限公司组装和调试，位于试验区南1km处，数据采集频率30min一次，为提高计算陆气温差的精度，地面数据与无人机数据同时采集，选择北京时间12：00—14：00空气温度数据计算陆气温差。

2. 无人机热红外数据采集

（1）无人机热红外影像采集系统。图7-31为无人机热红外影像采集系统实物图。该系统采用开源飞控Pixhawk，搭载Flir vue pro R640热红外相机（Flir Systems，美国），系统具体参数见表7-5。热红外相机拍摄的热红外影像需进行温度校正，降低天气因素和热红外相机自身测量误差对数据质量的影响。

图7-31　无人机热红外影像采集系统

（2）地面相控点布设。为提高无人机原始遥感影像的地理信息位置精度和后续原始遥感影像预处理精度，获得高质量正射影像，在试验开始前，利用RTK（Real-time kinematic）xSplus测量系统在试验田内均匀选择五个相控点，相控点位置精度可达

表 7-5 无人机热红外影像采集系统主要参数

设备	参数	参数值
无人机	机架	M600
	起飞重量	6kg
	有效载荷	2kg
	最大续航时间	30min
	通讯半径	3km
	巡航速度	5m/s
	相机	Flir vue pro R 640
Flir vue pro R640 相机	像素	640×512 像素
	波段	7.5～13.5μm
	焦距	19mm
	视场角	45°
	测温范围	－40～135℃
	测量精度	±5℃或读数的 5%
	尺寸	63mm×44.4mm×444mm

到厘米级，并在相控点处放置标志物，方便后续在遥感影像预处理过程中标定相控点。

（3）无人机飞行参数确定。对试验田进行详细调研，确定试验田周围环境，和规划无人机飞行航线所需参数。为确保无人机飞行安全，设计飞行航线时应注意飞行航线远离树木、信号塔、输电线等外部干扰，降落地点应选择平整地面，远离池塘、树木等；为获得较高分辨率的热红外影像，多旋翼无人机飞行高度设定为 70m，最终获得的热红外原始遥感影像地面分辨率为 7.8cm/pixel；由于无人机热红外影像采集系统每次飞行都会拍摄几百张原始遥感影像，为保证后期原始遥感影像的预处理精度，在设计航线时，需保证足够高的航向重叠度和旁向重叠度，经过前期试飞和原始遥感影像预处理发现最优航向和旁向重叠度为 75%；无人机系统设计时，最高可抗 5～6 级风，且云层会严重影响无人机遥感影像的质量。

7.6.2　计算方法

冠气温差（作物冠层温度和空气温度之差）可以反应作物受旱情况，但冠层温度获取困难，因此有学者根据经验将冠气温差扩展为陆气温差（地表混合温度和空气温度之差），陆气温差（T_s-T_a）也可以反应作物干旱情况。将无人机获取的原始遥感影像预处理可得到地表混合温度分布图。地表混合温度分布图与地面测量的空气温度进行波段运算即可得到陆气温差分布图，陆气温差值可直接从分布图中提取。

1. 无人机热红外遥感预处理方法

图 7－32 为无人机热红外原始遥感影像预处理操作流程。当获取无人机热红外的原始遥感影像后，需要用无人机遥感影像预处理软件对原始遥感影像进行拼接、相控点标定、校正等预处理最终才能获得拼接后遥感影像，并进行后续的遥感数据提取。

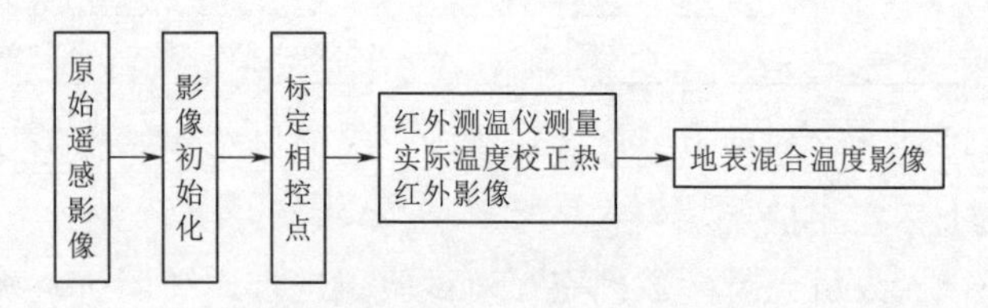

图 7－32　无人机热红外原始遥感影像预处理操作流程

由于在不同日期进行无人机飞行时，受天气情况影响，获取的热红外原始遥感影像会出现偏差，因此在原始遥感影像预处理过程中需要用雷泰 ST60＋型（RAYTEK，美国）手持测温仪测量黑色漫反射板、白色漫反射板和水体的温度对热红外影像进行温度校正，最终生成地表混合温度分布图。

2. 生成陆气温差分布图

陆气温差计算首先需要生成陆气温差分布图（图 7－33）。用 ENVI 软件将预处理得到单张可用的地表混合温度分布图与空气温度进行波段运算即可得到陆气温差分布图，并提取陆气温差值。

图 7-33　陆气温差分布图计算

7.6.3　结果分析

1. 玉米拔节期陆气温差与土壤含水率和气孔导度的相关性分析

（1）日间尺度下陆气温差与土壤含水率和气孔导度的相关性分析。陆气温差与土壤含水率和气孔导度的相关性如图 7-34 所示，关系式见表 7-6 。可以得到在监测日间尺度下的旱情时，陆气温差与土壤含水率和气孔导度有着较强的相关性。分析图 7-34 和表 7-6 可以发现，当干旱梯度大，旱情严重时陆气温差与土壤含水率和气孔导度的相关性更显著；随着拔节期玉米生长，陆气温差与土壤含水率和气孔导度拟合关系式斜率呈下降趋势；生育期第 55 天发生了降雨，因此第 57 天的干旱程度较低，陆气温差与土壤含水率和气孔导度的相关性明显减弱。

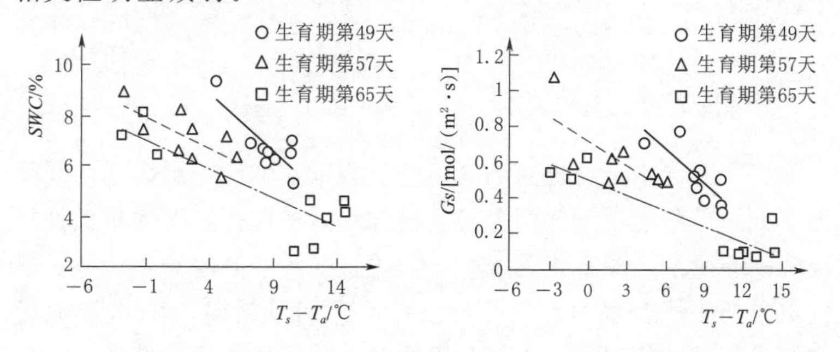

图 7-34　陆气温差与土壤含水率和气孔导度的相关性

表 7-6　　陆气温差与土壤含水率和气孔导度的关系

生育期	自变量 x	自变量 y	拟合关系式	决定系数 R^2
第49天	T_s-T_a	SWC	$y=-0.0045x+0.0982$	0.6575
		Gs	$y=-0.0653x+1.0752$	0.6561
第57天		SWC	$y=-0.0025x+0.0770$	0.5046
		Gs	$y=-0.0461x+0.7236$	0.5214
第65天		SWC	$y=-0.0022x+0.068$	0.7148
		Gs	$y=-0.0029x+0.4701$	0.8466

（2）旬间尺度下陆气温差与土壤含水率和气孔导度的相关性分析。青贮夏玉米拔节期旬间尺度下陆气温差与土壤含水率和气孔导度的相关性如图 7-35 所示。在旬间尺度下陆气温差与土壤含水率和气孔导度有着较强的相关性。旬间尺度下陆气温差与土壤含水率和气孔导度的相关性明显低于日间尺度下生育期第 65 天的相关性。陆气温差可用于旬间尺度下监测青贮夏玉米拔节期旱情在时空上的连续变化。

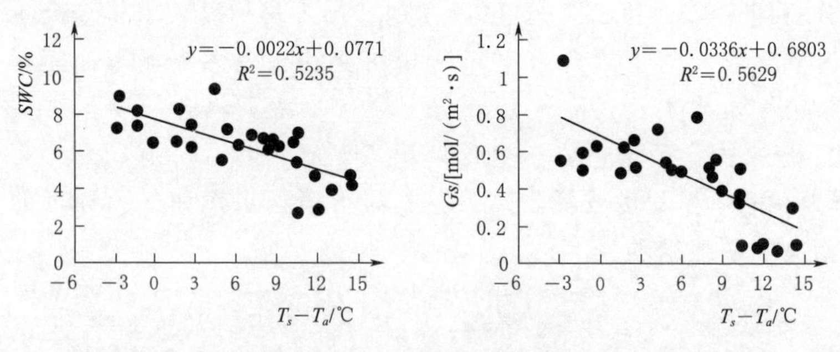

图 7-35　陆气温差与土壤含水率和气孔导度的相关性

（3）不同水分胁迫对陆气温差监测玉米旱情的影响。旬间尺度不同水分胁迫下陆气温差与土壤含水率和气孔导度的相关性如图 7-36 所示，关系式见表 7-7。在 100％充分灌溉条件下，陆气温差与土壤含水率和气孔导度之间无明显规律；在 65％充分灌溉条件下陆气温差与土壤含水率和气孔导度的相关性最强；与

65%充分灌溉相比，在 40%充分灌溉条件下陆气温差与土壤含水率和气孔导度的相关性却出现了较大波动。在旬间尺度不同水分胁迫下，陆气温差旱情监测效果不稳定。

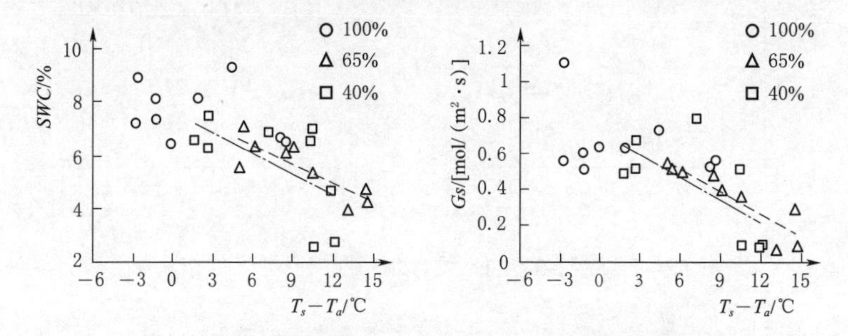

图 7-36 陆气温差与土壤含水率和气孔导度的相关性

表 7-7 陆气温差与土壤含水率和气孔导度的关系

灌溉量	自变量 x	自变量 y	拟合关系式	决定系数 R^2
100%	T_s-T_a	SWC	$y=-0.0007x+0.0779$	0.0978
		Gs	$y=-0.0112x+0.6552$	0.1089
65%		SWC	$y=-0.0023x+0.0777$	0.6939
		Gs	$y=-0.0411x+0.7545$	0.8074
40%		SWC	$y=-0.0026x+0.0765$	0.3566
		Gs	$y=-0.0412x+0.7152$	0.4662

2. 玉米生育中后期陆气温差与土壤含水率和气孔导度的相关性分析

（1）日间尺度下陆气温差与土壤含水率和气孔导度的相关性分析。日间尺度下生育中后期陆气温差与土壤含水率和气孔导度的相关性如图 7-37 所示，关系式见表 7-8。在生育期第 93 天陆气温差与土壤含水率相关性非常低。在生育期第 107 天和生育期第 112 天，陆气温差与土壤含水率和气孔导度的相关性非常显著。在生育期第 107 天相关性最强，原因是由于当天的旱情最严重，干旱梯度最明显。在生育中后期，陆气温差的旱情监测效果受干旱程度和干旱梯度的影响较大。

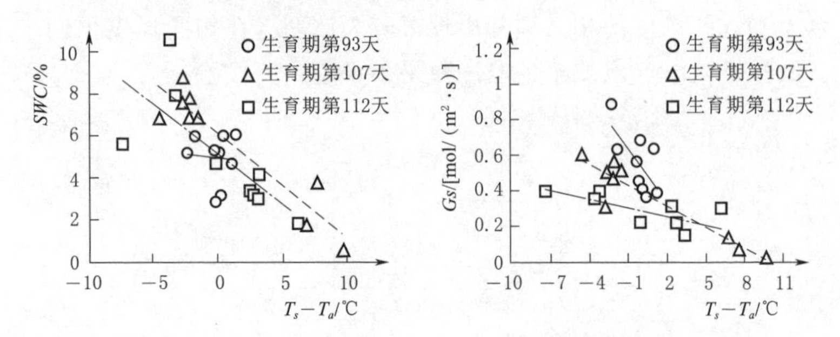

图 7-37 陆气温差与土壤含水率和气孔导度的相关性

表 7-8 T_s-T_a 与土壤含水率和气孔导度的关系

生育期	自变量 x	自变量 y	拟合关系式	决定系数 R^2
第 93 天	T_s-T_a	SWC	$y=-0.0008x+0.0499$	0.0069
		Gs	$y=-0.1009x+0.5403$	0.4706
第 107 天		SWC	$y=-0.0050x+0.0614$	0.8712
		Gs	$y=-0.0290x+0.4701$	0.8466
第 112 天		SWC	$y=-0.0048x+0.0518$	0.5570
		Gs	$y=-0.0160x+0.2880$	0.4738

（2）旬间尺度下陆气温差与土壤含水率和气孔导度的相关性分析。青贮夏玉米生育中后期旬间尺度下陆气温差与土壤含水率和气孔导度的相关性如图 7-38 所示。由图 7-38 可知，旬间尺度下陆气温差与土壤含水率和气孔导度有着较强的相关性；与气孔导度相比，陆气温差与土壤含水率的相关性更强，原因是由于前期采用不同的灌溉水平导致生育中后期试验田部分区域的青贮夏玉米出现了早熟现象影响了气孔导度测量。

（3）不同水分胁迫对陆气温差监测玉米旱情的影响。拔节期不同水分胁迫下陆气温差与土壤含水率和气孔导度的相关性如图 7-39 所示，关系式见表 7-9。分析发现，在 100%充分灌溉条件下，陆气温差与土壤含水率和气孔导度之间无规律，在 65%

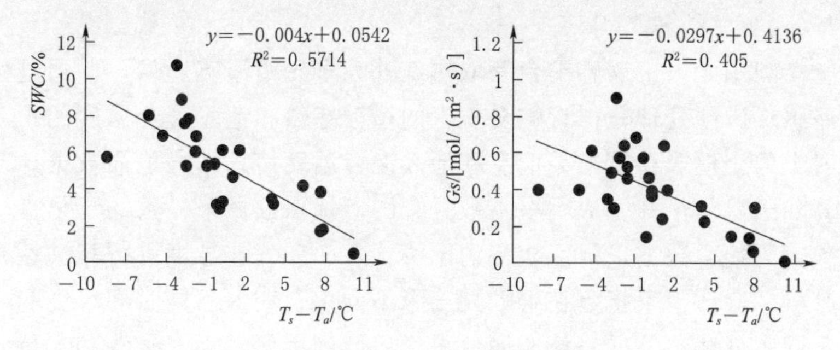

图 7-38 陆气温差与土壤含水率和气孔导度的相关性

和 40%灌溉条件下，陆气温差与土壤含水率和气孔导度均保持着较强的相关性。在青贮夏玉米生育中后期，旬间尺度不同水分胁迫下陆气温差能稳定的监测青贮夏玉米旱情。

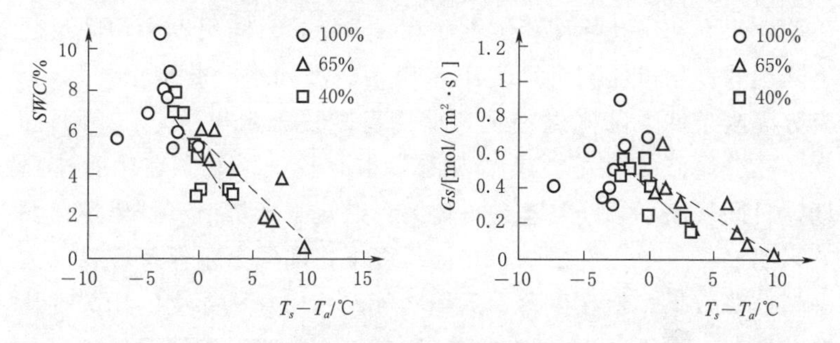

图 7-39 不同水分胁迫下陆气温差与土壤含水率和气孔导度的相关性

表 7-9 陆气温差与土壤含水率和气孔导度的关系

灌溉量	自变量 x	自变量 y	拟合关系式	决定系数 R^2
100%	T_s-T_a	SWC	$y=-0.0008x+0.0689$	0.0080
		Gs	$y=-0.0410x+0.6617$	0.1863
65%		SWC	$y=-0.0050x+0.0576$	0.7464
		Gs	$y=-0.0477x+0.4704$	0.6647
40%		SWC	$y=-0.0081x+0.0488$	0.6508
		Gs	$y=-0.068x+0.3946$	0.6876

7.6.4　总结

利用无人机遥感平台获取热红外和多光谱遥感影像，并通过遥感影像预处理获得青贮夏玉米的植被指数和地表混合温度的正射影像，提取植被指数信息和地表混合温度信息结合地面数据计算陆气温差，并生成干旱指数分布图。提取数据采样区的干旱指数，与地面数据采样区实测的土壤含水率和气孔导度进行相关性分析，验证干旱指数在青贮夏玉米不同生育期内不同时间尺度和不同水分胁迫下的旱情监测效果。后续利用偏最小二乘法和支持向量机建立干旱指数与土壤含水率和气孔导度的反演模型，分析利用干旱指数反演土壤含水率和气孔导度的可行性。得到以下结论：

陆气温差对青贮夏玉米旱情进行监测。分析陆气温差与实测土壤含水率和气孔导度相关性。在拔节期，日间尺度和旬间尺度下陆气温差均可监测青贮夏玉米旱情。不同水分胁迫下，100%充分灌溉条件下陆气温差无法监测青贮夏玉米旱情；在 65%和40%充分灌溉条件下，旱情监测效果有较大波动。在生育中后期，日间尺度下，陆气温差可监测青贮夏玉米旱情，且旱情监测效果明显受干旱程度影响；旬间尺度下，陆气温差保持着良好的旱情监测效果，但在生育中后期陆气温差与气孔导度的相关性比拔节期弱。在不同水分胁迫下，100%充分 灌溉条件下陆气温差无法监测青贮夏玉米旱情：在 65%和 40%充分灌溉条件下，陆气温差旱情监测效果稳定。

7.7　无人机遥感在其他气象灾害监测中的应用

7.7.1　冰情凌汛监测

依托 SAR 高分辨率成像的数据图像，可以直观地在影像中人工辨识出冰凌的分布及位置信息，为下一步对险情的爆破处置提供数据信息支持；同时制订出完备的夜间飞行计划动态监测流凌的发展态势，避免大的险情发生。根据 MiniSAR 载荷高分辨率成像的数据特征，开发出了冰凌监测分析应用系统，对各个飞行架次获取的数据进行组织管理，自动识别提取冰凌的位置分布。图 7 - 40 中左侧图像为 SAR 影像数据，右侧浅色为系统自动提取的冰凌分布，深色为水域。

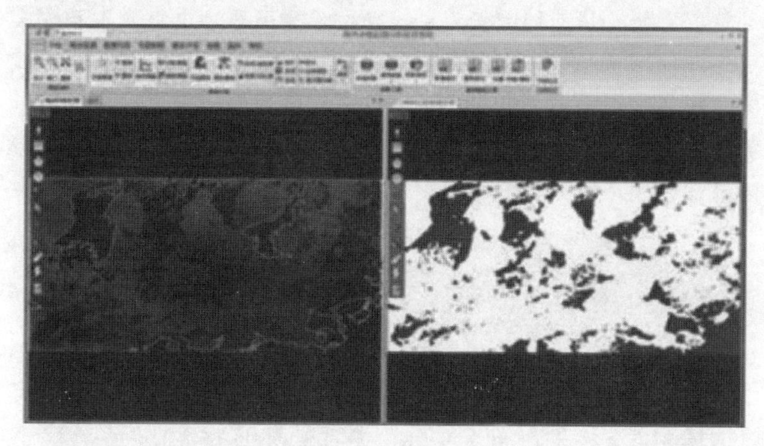

图 7 - 40　冰凌分布

通过 MiniSAR 载荷与无人机飞行平台的系统集成和飞行作业，实现了无人机机载 MiniSAR 载荷在信号数据获取、信息处理成像的关键技术突破，满足了对局部区域高精度空间信息数据获取的时效性需求，成为航天、航空（有人机）遥感的有力补充。依托成熟的无人机飞行平台，结合高性能 MiniSAR 载荷设备发展探索了解决无人机全天时、全天候作业的共性问题，解决了长期困扰无人机产业发展的载荷获取难题，实现了无人机在高海拔、多云雾、特殊地表检测上的应用，特别是对我国北方冰凌多发地区的危害监测具有重要的行业应用价值，必将为无人机产业发展提供一种有效的系统解决方案，从而使无人机产品受到更广大用户的欢迎和认可，带动无人机产业走出使用条件苛刻的误区，真正做到逐步替代有人机作业的发展目标。其对于维护公共安全应用监测，快速组织应急救援，有效利用我国无人机遥感数据信息，保障促进国民经济建设具有重要意义。

7.7.2　台风/风暴潮灾害监测

采用无人机遥感系统获取台风登陆后登陆点附近受灾严重区域的高分辨率遥感影像，利用 GIS 技术提取影像中各类承灾体受损信息，并对承灾体受损情况进行分类统计，为灾害损失评估提供数据支持，从而探索无人机遥感技术在风暴潮灾害调查及灾害损失评估中的应用。航拍覆盖区域主要包含填海区、临港工业区、居住区、渔港、渔排养殖、吊养、围塘养殖等多种风暴潮承灾体类型。数据处理后生成的正射影像分辨率为 0.1m，可以较清晰地判别承灾体的分布及灾害损失情况（见图 7-41）。

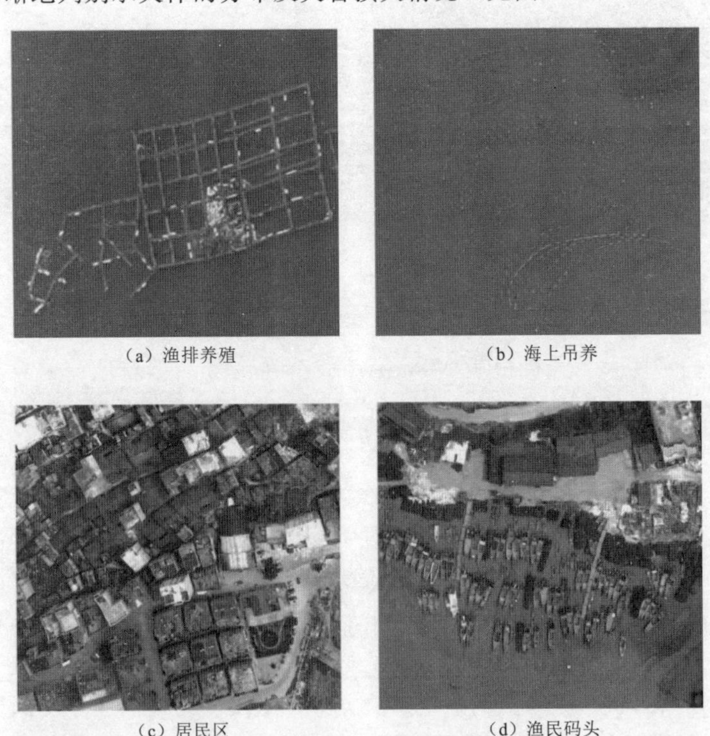

（a）渔排养殖　（b）海上吊养

（c）居民区　（d）渔民码头

图 7-41　研究区域几类受灾体受损情况

通过研究区域影像分析可以发现，陆域部分承灾体受损情况不明显，渔船由于停靠在避风的渔港里，受损情况也不明显，受影响最严重的是渔排养殖和海上吊养。渔排养殖和海上吊养本身抗灾性相对较弱，而且承受风浪侵袭强度比陆域承灾体大，因此灾害损失情况在影像上表现较为明显。海上吊养的水上浮子部分受风暴潮影响后，其移位情况可以从影像上判断，但其吊养的主体部分在水面以下，无法单独从影像上判断其损失情况，因此不作研究分析。本研究主要通过提取研究区域海上渔排养殖灾害损失信息，统计受损渔排个数、受损面积以及受损面积比例，为灾害损失评估提供数据支持（见图 7-42）。

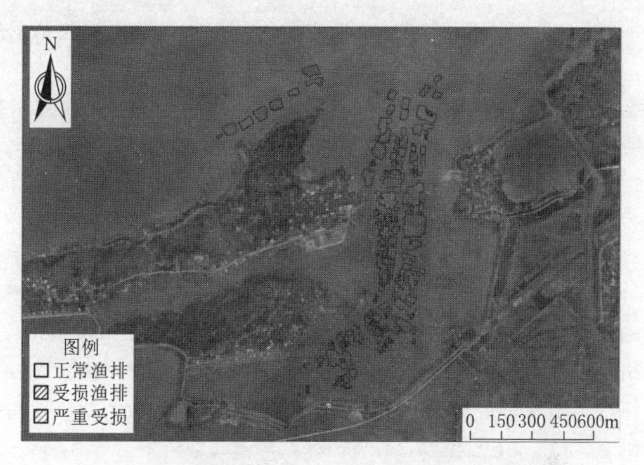

图 7-42　根据无人机影像提取的渔排受损情况

参 考 文 献

[1] 何国金，李克鲁，胡德永，等．多卫星遥感数据的信息融合：理论、方法与实践［J］．中国图象图形学报，1999（9）：30－36.

[2] 胡健波，张健．无人机遥感在生态学中的应用进展［J］．生态学报，2018，38（1）：20－30.

[3] 孙杰，林宗坚，崔红霞．无人机低空遥感监测系统［J］．遥感信息，2003（1）：49－50.

[4] 李双林，彭清山．关于城市航空摄影的现状及其质量控制中的若干问题［J］．测绘通报，2001（S1）：9－11.

[5] 金凤岭，张晰莹，张云峰，等．新一代飞机人工增雨作业指挥系统研制与应用［J］．气象科技，2006（4）：470－473.

[6] 雷添杰，宫阿都，李长春，等．无人机遥感系统在低温雨雪冰冻灾害监测中的应用［J］．安徽农业科学，2011，39（4）：2417－2419.

[7] 龚建华，赵忠明．四川汶川地震应急无人机遥感信息获取与应用［J］．城市发展研究，2008（3）：31－32.

[8] ZITOVA B，FLUSSER J. Image registration methods：a survey［J］. Image & Vision Computing，2003，21（11）：977－1000.

[9] 何敬，李永树，鲁恒，等．基于 SIFT 特征点的无人机影像拼接方法研究［J］．光电工程，2011，38（2）：122－126.

[10] 余淮，杨文．一种无人机航拍影像快速特征提取与匹配算法［J］．电子与信息学报，2016，38（3）：509－516.

[11] 薛峰，张佑生，江巨浪，等．基于最大梯度和灰度相关的两步全景图拼接算法［J］．系统仿真学报，2005（12）：2965－2968.

[12] 刘明奇，倪国强，陈小梅．基于信息熵和灰度相关的图像拼接算法［J］．光学技术，2007（S1）：253－254.

[13] 严格．基于灰度相关特征点的图像拼接算法［J］．包装工程，2009，30（4）：82－83.

[14] 郭永刚，葛庆平，姜长胜．基于傅里叶变换的红外热波图像拼接［J］．计算机应用研究，2007（1）：227－228.

[15] 李波．一种基于小波和区域的图像拼接方法［J］．电子科技，2005（4）：49－52.

[16] 吴禄慎，陈小杜．一种改进 AKAZE 特征和 RANSAC 的图像拼接算

法 [J]. 计算机工程，2021，47 (1)：246-254.

[17] 梁焕青，范永弘，万惠琼，等. 一种运用 AKAZE 特征的无人机遥感影像拼接方法 [J]. 测绘科学技术学报，2016，33 (1)：71-75.

[18] 李鹏，武文波，王宗伟. 基于非线性尺度空间的多源遥感影像匹配 [J]. 测绘科学，2015，40 (7)：41-44.

[19] 王涛，郝顺义，高毅，等. 基于增强型 MAD 算法的地形辅助导航仿真研究 [J]. 计算机仿真，2009，26 (5)：64-67.

[20] 张英芝，翟粉莉，郑玉彬，等. 基于累积误差平方和最小的参数估计方法 [J]. 华南理工大学学报（自然科学版），2020，48 (11)：49-54.

[21] 杨通钰，彭国华. 基于 NCC 的图像匹配快速算法 [J]. 现代电子技术，2010，33 (22)：107-109.

[22] BARNEA D I，SILVERMAN H F. A Class of Algorithms for Fast Digital Image Registration [J]. IEEE Transactions on Computers，2009，C-21 (2)：179-186.

[23] 王小睿，吴信才，李军. 模拟退火算法的改进策略在模板匹配上的应用 [J]. 小型微型计算机系统，1997 (8)：33-38.

[24] 强赞霞，彭嘉雄，王洪群. 基于傅里叶变换的遥感图像配准算法 [J]. 红外与激光工程，2004 (4)：385-387.

[25] KUGLIN C D. The phase correlation image alignment method [J]. Proc. intl Conf. cybernetics & Society，1975：163-165.

[26] CASTRO E D，MORANDI C. Registration of Translated and Rotated Images Using Finite Fourier Transforms [M]. Registration of Translated and Rotated Images Using Finite Fourier Transforms，1987.

[27] CHEN Q S，DEFRISE M. Symmetric phase-only matched filtering of Fourier-Mellin transforms for image registration and recognition [J]. IEEE Transactions on Pattern Analysis & Machine Intelligence，1994，16 (12)：1156-1168.

[28] TAKACS G，CHANDRASEKHAR V，TSAI S，et al. Rotation-invariant fast features for large-scale recognition and real-time tracking [J]. Signal Processing Image Communication，2013，28 (4)：334-344.

[29] TOLA E，LEPETIT V，FUA P. DAISY：an efficient dense descriptor applied to wide-baseline stereo. [J]. IEEE Transactions on Pat-

tern Analysis and Machine Intelligence，2010，32（5）：815－830.

[30] SMITH S. SUSAN－A new approach to low－level image processing [J]. International Journal of Computer Vision，1997，23.

[31] LOWE D G. Distinctive Image Features from Scale－Invariant Keypoints [J]. International Journal of Computer Vision，2004，60（2）：91－110.

[32] BAY H，ESS A，TUYTELAARS T，et al. Speeded－Up Robust Features（SURF）[J]. Computer Vision & Image Understanding，2008，110（3）：346－359.

[33] 孙智中，王琦，程飞，等．ORB中Steer BREIF特征点描述算法改进 [J]. 电子技术与软件工程，2017（1）：76.

[34] 何林阳，刘晶红，李刚，等．改进BRISK特征的快速图像配准算法 [J]. 红外与激光工程，2014，43（8）：2722－2727.

[35] 彭畅，李广泽，张晓阳，等．基于改进的ORB算法的红外遥感图像拼接研究 [J]. 控制工程，2020，27（8）：1332－1336.

[36] KE Y. PCA－SIFT：A more distinctive representation for local image descriptors [J]. Proc. CVPR Int. Conf. on Computer Vision and Pattern Recognition，2004：506－513.

[37] 杨博雄，杨雨绮．利用PCA进行深度学习图像特征提取后的降维研究 [J]. 计算机系统应用，2019，28（1）：279－283.

[38] ACHARYA K A，BABU R V，VADHIYAR S S. A real－time implementation of SIFT using GPU [J]. Journal of Real－Time Image Processing，2014，14：267－277.

[39] RAMKUMAR B，LABER R，BOJINOV H，et al. GPU acceleration of the KAZE image feature extraction algorithm [J]. Journal of Real－Time Image Processing，2019，17（5）：1169－1182.

[40] SIMO－SERRA E，TRULLS E，FERRAZ L，et al. Discriminative Learning of Deep Convolutional Feature Point Descriptors：IEEE International Conference on Computer Vision，2016 [C].

[41] RASHID M，KHAN M A，SHARIF M，et al. Object detection and classification：a joint selection and fusion strategy of deep convolutional neural network and SIFT point features [J]. Multimedia Tools & Applications，2019，78（12）：15751－15777.

[42] 李学亮，王维．基于CNN和SIFT特征的遥感图像变化检测 [J].

电子测量技术，2019，42（21）：87-91.

[43] 李德仁，李明．无人机遥感系统的研究进展与应用前景［J］. 武汉大学学报（信息科学版），2014，39（5）：505-513.

[44] 孙滨生．无人机任务有效载荷技术现状与发展趋势研究［J］. 电光与控制，2001（S1）：14-19.

[45] 孟庆宇，张伟，龙夫年．天基空间目标可见光相机探测能力分析［J］. 红外与激光工程，2012，41（8）：2079-2084.

[46] 陈伟，晏磊，勾志阳，等．无人机多光谱传感器场地绝对辐射定标研究［J］. 光谱学与光谱分析，2012，32（12）：3169-3174.

[47] ZHONG Y，WANG X，XU Y，et al. Mini-UAV-Borne Hyperspectral Remote Sensing：From Observation and Processing to Applications［J］. IEEE Geoscience and Remote Sensing Magazine，2018，6（4）：46-62.

[48] 王琳，吴正鹏，张晓东，等．利用无人机搭载热红外成像仪探测地下输油管道的初探研究［J］. 城市勘测，2013（5）：160-163.

[49] 高许岗，雍延梅．无人机载微型 SAR 系统设计与实现［J］. 雷达科学与技术，2014，12（1）：35-38.

[50] 刘清旺，李世明，李增元，等．无人机激光雷达与摄影测量林业应用研究进展［J］. 林业科学，2017，53（7）：134-148.

[51] 崔红霞，孙杰，林宗坚，等．非量测数码相机的畸变差检测研究［J］. 测绘科学，2005（1）：105-107.

[52] 袁修孝，付建红，楼益栋．基于精密单点定位技术的 GPS 辅助空中三角测量［J］. 测绘学报，2007（3）：251-255.

[53] 刘庆元，徐柳华，沈彩莲，等．基于无人飞行器遥感影像的数字摄影测量关键技术研究［J］. 测绘科学，2010，35（1）：28-30.

[54] 韩文超，周利剑，贾韶辉，等．基于 POS 系统的无人机遥感图像融合方法的研究与实现［J］. 遥感信息，2013，28（3）：80-84.

[55] 崔红霞，林宗坚，孙杰．大重叠度无人机遥感影像的三维建模方法研究［J］. 测绘科学，2005（2）：36-38.

[56] 曹正响．基于 PixelGrid 软件的无人机数据处理方法和技术探讨［J］. 测绘通报，2012（S1）：436-437.

[57] 丁海涛．基于 VirtuoZo 全数字摄影测量系统的无人机遥感数据后处理［J］. 科技情报开发与经济，2011，21（31）：134-137.

[58] FISCHLER M A，BOLLES R C. Random Sample Consensus：A Par-

adigm for Model Fitting with Applications To Image Analysis and Automated Cartography [J]. Communications of the ACM, 1981, 24 (6): 381-395.

[59] 何援军. 透视和透视投影变换——论图形变换和投影的若干问题之三 [J]. 计算机辅助设计与图形学学报, 2005 (4): 734-739.

[60] 吴迪, 黄文骞, 王莹. 图形变换中透视投影变换矩阵的推导 [J]. 海洋测绘, 2003 (1): 18-21.

[61] 曲天伟, 安波. 二维投影变换模型的单应矩阵表示 [J]. 信息技术, 2008 (3): 88-90.

[62] 赵亚男, 吴黎明, 陈琦. 基于多尺度融合 SSD 的小目标检测算法 [J]. 计算机工程, 2020, 46 (1): 247-254.

[63] 潘粤成, 刘卓, 潘文豪, 等. 一种基于 CNN/CTC 的端到端普通话语音识别方法 [J]. 现代信息科技, 2020, 4 (5): 65-68.

[64] 李校林, 钮海涛. 基于 VGG-NET 的特征融合面部表情识别 [J]. 计算机工程与科学, 2020, 42 (3): 500-509.

[65] 徐昭洪, 刘宇, 全吉成, 等. 基于 VGG16 预编码的遥感图像建筑物语义分割 [J]. 科学技术与工程, 2019, 19 (17): 250-255.

[66] 王岩, 王晓青, 窦爱霞. 面向对象遥感分类方法在汶川地震震害提取中的应用 [J]. 地震, 2009, 29 (3): 54-60.

[67] 韩希光, 刘勇. 影像分割数据质量评价与参数优选方法研究 [J]. 现代农业科技, 2017 (22): 222-225.

[68] STEHMAN S V, FOODY G M. Key issues in rigorous accuracy assessment of land cover products [J]. Remote Sensing of Environment, 2019, 231: 111199.

[69] 马轮基, 马瑞升, 等. 微型无人机遥感应用初探 [J]. 广西气象, 2005, 9 (35): 180-181.

[70] 晏磊, 吕书强, 等. 无人机航空遥感系统关键技术研究 [J]. 武汉大学学报 (工学版), 2004, 37 (6): 67-70.

[71] CHARLES P GIAMMONA, Kandance Binklcey, etc. Aerial Image Processing Technology for Emergency Response [J]. Spill science and Technology Bulletin, 1995, 2: 47-54.

[72] 马文翰, 陈建平. 突发地质灾害气象预警预报研究综述 [J]. 地质灾害与环境保护, 2007, 18 (1): 6-9.

[73] 王东明, 王小青, 等. 地震现场应急指挥及其标准化研究 [J]. 自

然灾害学报，2007，8（4）：143-148.

[74] 苗崇刚，聂高众．地震应急指挥模式探讨［J］．自然灾害学报，2004，13（5）：49-54.

[75] 方世萍，张芝霞．城市地震应急救援措施探讨［J］．灾害学，19（1）：31-33.

[76] 李京．综合减灾需要科技支撑［J］．中国减灾，2007，9：13-15.

[77] 龚建华，赵终明．四川汶川地震应急无人机遥感信息获取与应用［J］．城市发展研究，2008，15（3）：31-33.

[78] 马轮基，孙涵，等．地基、空基、天基结合洪涝灾害调查评估试验［A］．中国气象学会2005年年会征文，459-464.

[79] 刘建伟，刘媛，罗雄麟．深度学习研究进展［J］．计算机应用研究，2014，31（7）.

[80] 郑重，张敬东，杜建华．基于深度学习的遥感图像中地面塌陷识别方法研究［J］．现代商贸工业，2017（35）：193-196.

[81] 王鑫，李可，徐明君，等．改进的基于深度学习的遥感图像分类算法［J］．计算机应用，2019，39（2）：78-83.

[82] 王斌，范冬林．深度学习在遥感影像分类与识别中的研究进展综述［J］．测绘通报，2019，503（2）：108-111，145.

[83] 付伟锋，邹维宝．深度学习在遥感影像分类中的研究进展［J］．计算机应用研究，2018，35（12）：7-11.

[84] 刘相云，龚志辉，金飞，等．结合显著图和深度学习的遥感影像飞机目标识别［J］．测绘通报，2019（3）：27-31.

[85] 代林沅．关于深度学习和遥感地物分类的研究［J］．电脑知识与技术：学术交流，2018.

[86] KETTIG R L，LANDGREBR D A. Classification of Multispectral Image Data by Extraction and Classification of Homogeneous Objects ［J］. Geoscience Electronics IEEE Transactions on，1975，14（1）：19-26.

[87] 王术波，韩宇，陈建，等．基于深度学习的无人机遥感生态灌区杂草分类［J］．排灌机械工程学报，2018（1）：1137-1141.

[88] 蒋兆军，成孝刚，彭雅琴，等．基于深度学习的无人机识别算法研究［J］．电子技术应用，2017（7）.

[89] MCCULLOCH W S，PITTS W. A logical calculus of the ideas immanent in nervous activity ［J］. The bulletin of mathematical biophys-

ics，1943，5（4）：115－133.

[90] 闫若怡，熊丹，于清华，等．基于并行跟踪检测框架与深度学习的目标跟踪算法［J］．计算机应用，2019，39（2）：39－43.

[91] 刘松林，朱永丰，张哲，等．基于卷积神经网络的无人机油气管线巡检监察系统［J］．计算机系统应用，2018，27（12）：42－48.

[92] ROSENBLATT F. The perceptron：a probabilistic model for information storage and organization in the brain. [M] // Neurocomputing：foundations of research. 1988.

[93] MINSKY M L，PAPERT S . Perceptrons—An Introduction to Computational Geometry [J]. 1988.

[94] RUMELHART D E . Learning Representations by Back－Propagating Errors [J]. Nature，1986，23.

[95] 施泽浩，赵启军．基于全卷积网络的目标检测算法［J］．计算机技术与发展，2018，253（5）：61－64.

[96] 张永宏，夏广浩，阚希，等．基于全卷积神经网络的多源高分辨率遥感道路提取［J］．计算机应用，2018，335（7）：246－251.

[97] 洪睿，康晓东，郭军，等．基于复杂网络描述的图像深度卷积分类方法［J］．计算机应用，2018，38（12）：51－54.

[98] 王伟凝，王励，赵明权，等．基于并行深度卷积神经网络的图像美感分类［J］．自动化学报，2016，42（6）.

[99] 曹林林．卷积神经网络在高分遥感影像分类中的应用［J］．测绘科学，2019（9）：170－175.

[100] 孟祥锐，张树清，臧淑英．基于卷积神经网络和高分辨率影像的湿地群落遥感分类——以洪河湿地为例［J］．地理科学，2018，38（11）.

[101] 卢艺帆，张松海．基于卷积神经网络的光学遥感图像目标检测［J］．中国科技论文，2017（14）：22－28，72.

[102] 周敏，史振威，丁火平．遥感图像飞机目标分类的卷积神经网络方法［J］．中国图象图形学报，2017（5）.

[103] 欧阳颖卉，林翬，李树涛．基于卷积神经网络的光学遥感图像船只检测［J］．包装工程，2016，37（15）.

[104] 方旭，王光辉，杨化超，等．结合均值漂移分割与全卷积神经网络的高分辨遥感影像分类［J］．激光与光电子学进展，2018.

[105] 张义德，胡长雨，胡春育．基于卷积神经网络的遥感图像飞机检测

[J]. 光电子技术，2017 (1)：68 - 73.

[106] 张日升，朱桂斌，张燕琴．基于卷积神经网络的卫星遥感图像区域识别 [J]. 信息技术，2017 (11)：91 - 94.

[107] 刘雨桐，李志清，杨晓玲．改进卷积神经网络在遥感图像分类中的应用 [J]. 计算机应用，2018，38 (4)：949 - 954.

[108] 何海清，杜敬，陈婷，等．结合水体指数与卷积神经网络的遥感水体提取 [J]. 遥感信息，2017 (5)：86 - 90.

[109] 邓志鹏，孙浩，雷琳，等．基于多尺度形变特征卷积网络的高分辨率遥感影像目标检测 [J]. 测绘学报，2018 (9)：1216 - 1227.

[110] 黄洁，姜志国，张浩鹏，等．基于卷积神经网络的遥感图像舰船目标检测 [J]. 北京航空航天大学学报，2017 (9)：132 - 139.

[111] 张晓男，钟兴，朱瑞飞，等．基于集成卷积神经网络的遥感影像场景分类 [J]. 光学学报，2018，38 (11)：350 - 360.

[112] 李均力，陈曦，包安明，等．公格尔九别峰冰川跃动无人机灾害监测与评估 [J]．干旱区地理，2016，39 (2)：378 - 386.

[113] 王帅永，唐川，何敬，等．无人机在强震区地质灾害精细调查中的应用研究 [J]. 工程地质学报，2016，24 (4)：713 - 719.

[114] 王晓静，卢霞，陶坤旺．无人机遥感技术与应用 [J]. 科学技术创新，2019 (1)：1 - 5.

[115] 伊尧国．基于虚拟现实技术的城市洪水演进三维可视化模拟研究 [J]. 天津城建大学学报，2009，15 (4)：249 - 254.

[116] 张峰，佟巍，周立冬．国外救援无人机的发展现状 [J]. 中国医疗设备，2016，36 (6)：175 - 177.

[117] 张小喜，王延寿，张伟．无人机航空摄影技术在泥石流灾害调查中的应用 [J]. 地下水，2019，41 (4)：116 - 118.

[118] 朱祖乐．基于 WebGL 的郑州市区积水路段暴雨洪水三维场景模拟 [D]．郑州：郑州大学，2016.

[119] 吴汉平，等，译. 无人机系统导论 [M]. 2 版. 北京：电子工业出版社，2003.

[120] 张平. 国务院关于抗击低温雨雪冰冻灾害及灾后重建工作情况的报告．2008 - 04 - 22.

[121] 李云，来红州．为救灾工作装上“千里眼” [J]. 中国减灾，2008，4：38 - 39.

[122] FONTANA A A，KNIGHT R J，RICHLEY E J. Ultra wideband

technology for aircraft wireless intercommunications systems（AW-ICS）design [J]. IEEE Aerospace and Electronic Systems Magazine，2004，19（7）：14－18.

[123] 李征航，黄劲松．GPS测量与数据处理 [M]. 武汉：武汉大学出版社，2005.

[124] 马轮基，孙涵，等．地基、空基、天基结合洪涝灾害调查评估试验 [A]. 中国气象学会2005年年会征文，459－464.

[125] 张天光，等，译．捷联惯性导航技术 [M]. 2版．北京：国防工业出版社，2007.